Nature • Travel • Life

自然生活記趣
台灣兩棲類特輯

江志緯 何俊霖 曾志明 著

向高世 審訂

目錄

推薦序

楊懿如
東華大學自然資源與環境學系副教授

兩棲類是一群隱身於黑暗角落的小動物，想要和牠們成為朋友，不是一件容易的事。

首先要能熬夜，牠們天黑後才開始活動，想要拜訪牠們的人，午夜前都得保持清醒。其次要能忍耐各種氣候條件，下雨最好，絕不撤退。要不怕蚊蟲及蛇，青蛙多的地方，牠們的食物和天敵也多。不怕黑不怕髒，牠們喜歡躲在池塘、草澤、樹林、石縫等潮濕泥濘的地方，手電筒及雨鞋是接近牠們的基本配備。不怕吵，當遇見數百隻青蛙開派對狂歡鳴叫時，要滿心歡喜接納，但要有僅聞其聲不見其影的心理準備。最後要有耐心和牠們玩捉迷藏，兩棲類有很好的保護色及花紋，常常以靜制動，將自身融合在環境裡，你不但要有敏銳的觀察力，還要動作輕巧，才有機會接近牠們。

但有緣了解兩棲類的人，一定會著迷於牠們可愛的外型及有趣的行為，關心牠們的一舉一動。江志緯、何俊霖、曾志明這三位喜愛兩棲類的作者，因兩棲類的牽線聚在一起，經常相約到野外拍照，並藉由網路分享訊息，累積許多台灣兩棲類的第一手資料。

自然生活記趣 - 台灣兩棲類特輯這本書，就是彙整他們長年在野外的觀察記錄，用大量生動清晰的影像，帶領讀者進入兩棲類的世界，搭配作者在野外遇見兩棲類的小故事，藉此拉近人們和兩棲類的距離。

全球7000多種兩棲類，約有30%的物種，因棲息地破壞、汙染、氣候變遷、人為獵捕食用及作為寵物、外來種入侵、疾病等原因，面臨滅絕的威脅。期盼這本圖文並茂的書，能讓更多人了解及喜歡兩棲類，成為兩棲類的朋友，加入保育兩棲類的行列。

劉茂炎(風雲子)
攝影家手札版主
數位視野評議顧問

寂靜的夜裡，在我們鮮少靠近的角落，有著一群不凡的音樂家。蝌蚪悠遊自在的身形像極了優美的音符，各式各樣的蛙類更是以自身美麗的音調，配合著這些音符，為這個美麗的夜譜出優美的旋律。想認識這些音樂家嗎?了解他們的習性? 這本書裡頭有著很多詳盡的介紹可以滿足大家！現代人時間多於忙碌，從未能好好的親近我們的大自然。生活中的許多美麗我們是否都忽略了？隨著氣候變遷，過度的開發以及污染等等因素... 導致許多物種瀕臨滅絕。這本兩棲類特輯在作者們的用心努力，長時間在各種不穩定的環境條件下，記錄著隱藏在大自然中嬌客們。且這本書中不僅記錄了各式蛙類，連行蹤罕見的山椒魚的生態行為也同時有記錄著！觀察山椒魚的生態是多麼不易的事情，因數量稀少且行蹤隱匿，生活史資料並未很齊全，光是追尋他們神秘的蹤跡就得費多大的精神與體力！可見作者付出的心力已超乎我們的想像。這本特輯裡，作者運用了在野外所拍攝的影像與生動的文字解說，讓我們能更加了解這些可愛的兩棲類，拉近人們與大自然的距離。且書中提到的保育重要性，更具寓教及意義！在此推薦給大家這本台灣兩棲類特輯！可以讓大家對於這些小動物有更深層的認識、喜歡。

李佳翰
現任國立頭城家商教師
兩棲蛙類保育志工宜蘭李佳翰團隊隊長

記得第一次夜間觀察是由hoher所帶領的活動，看別人都很容易找到青蛙，而自己卻怎麼也找不到，直到發現淺水域中，一隻下半身被落葉覆蓋著、只露出頭部的福建大頭蛙，心裡雀躍不已，那種心情久久不能忘懷，從此種下與青蛙的不解之緣。

台灣的三十三種青蛙之中，大部分是本土原生種，少數幾種是外來種，有的分布全台灣，的只分布在北台灣，有的只分布在南台灣，甚至有的種類只局限於某個特定區域。為了看這些蛙種，於是拔山涉水、南征北討，直到定居宜蘭，方便了看北部的蛙種，但從此到了寒暑假就是往南部跑，記得第一次到台東卑南的利嘉林道時，在大雨過後的夜晚，晚上十點到了利嘉林道，好多橙腹樹蛙鳴叫聲，一個人在樹林中循著鳴叫聲在黑夜中摸索，半夜十二點終於找到第一隻橙腹樹蛙，真不敢相信就在眼前，趕緊拿起電話跟朋友報喜訊，卻是沒有訊號，但是那一份感動，只有親自踏上野外、親眼見到才能夠真正體會！

記得史丹吉氏小雨蛙在台中太平靶場大爆發的那一次，志明說第一天發現時估計有上千隻，我們隔天去看時，我估計有好幾百隻，這好幾百隻史丹吉氏小雨蛙同時以高頻率的聲音鳴叫著，我們就被這些聲音包圍著，蹲坐在水池邊緣，等待抱接的史丹吉氏小雨蛙下蛋，從半夜等到凌晨，陸陸續續撐不住到車上睡覺去了，等到睡醒來，小黑拍到下蛋的畫面了，真的是讓大家羨慕死了！

無數個夜晚，無數次的觀察與等待，只為了精彩的那一瞬間！翻開本書，精彩的瞬間全都呈現在眼前，有自然生活記趣一貫的風格，相片多且張張精彩！

在我擔任兩棲蛙類保育志工多年來的觀察經驗中，要觀察到蛙類特別的生態行為實屬不易，舉凡鳴叫、抱接、產卵、幼體、蝌蚪等，都能以相片一一呈現。蛙類的紀錄都已經非常不容易了，然而本書卻能同時記錄稀有的山椒魚生態行為，可見作者們在野外觀察所花費的精神、體力、與用心程度，都遠超過我所能夠想像的。

作者們以輕鬆詼諧的文字敘述與介紹，相信在喜歡跑野外的朋友眼中，都能有身臨其境的感覺，我很喜歡這本書，推薦給大家！

作者序
江志緯
何俊霖
曾志明
05
AMPHIBIANS of
TAIWAN

輕鬆進入兩棲類世界

在寵物官邸的推薦下，2012年我們接下了吳晉杰先生的邀約，選寫〔自然生活記趣–台灣兩棲類〕書籍，期間經多次討論，我們希望此書內容的呈現能與市面上的圖鑑有所區隔，主要以介紹野外觀察的搞笑經歷，並以圖文並茂的方式，提供給讀者們，也將台灣所有蛙類的鳴叫（吹泡泡）紀錄完整呈現給大家，希望能引發大家對兩棲類的興趣。目前台灣的兩棲類共38種，其中特有種有16種之多，近年來更是吸引許多喜愛攝影的同好，筆者（江志緯、何俊霖、曾志明）就是一個例子，我們都喜歡在野外靜靜的坐在地上觀察牠們的各種行為，並用相機記錄其過程，再透過李鵬翔先生所架設的「青蛙小站」分享經驗，因而成為賞蛙的好友。對一般人來說，有關青蛙、山椒魚的相關知識大多是從書本裡得知，但其實透過野外的觀察才能真正看到青蛙、山椒魚的小秘密，包括打架、覓食、相互競爭、脫皮、躲藏...等，鳴叫（吹泡泡）與下蛋更是不可缺少的觀察重點，過程非常有趣且精彩！

這一路走來的期間，受到家人的體諒與不少貴人朋友的照顧與幫忙，才能順利完成此書，由衷感謝給予協助的朋友（依姓氏筆劃排列）：王世宇（小寶）、王翔恩（土豆）、白曉青（小青）、向高世（向老師）、江燕妮（Suyeni）、李東陽（Tony - Lee）、李佳翰（NeoLee）、李鵬翔（李站長）、涂昭安（小安）、康慧君（康康）、張勝俞（木瓜）、張錫銘（張老師）、葉國政（葉大哥）、游崇瑋（四海游龍）、陳明弘（Winsun）、楊胤勛（小勛）、楊懿如（楊老師）、劉茂炎（風雲子）、賴志明（奎志明）...等。以及所有負責編輯的工作團隊，再次感謝您們！ 最後，〔自然生活記趣–台灣兩棲類〕期許每一個人，都能與青蛙、山椒魚成為好朋友，也能為共同維護牠們所賴以生存的棲地一起努力。

前言
Preface

青蛙與山椒魚是相當受到喜愛的動物，
其中「蛙」的魅力，更是令許多人著迷，
從造型可愛的玩偶、玩具、飾品，
到拼圖遊戲、幼兒圖書...等各式各樣的商品，
不僅小朋友喜歡，就連大人也常會抵擋不住！

小時候，大家應該都有聽過，
「一隻青蛙一張嘴，兩隻眼睛四條腿，噗通噗通跳下水」
青蛙頭上有著一對圓而突出的眼睛，
也有張又寬又大的嘴巴，滑稽逗趣的表情及獨特的外型，
讓人一看便印象深刻。
目前台灣共有33種青蛙，每一種青蛙都有其特色，
鳴叫聲也大不相同，準備好跟我們一起去賞蛙了嗎？

小朋友很難抵擋青蛙的魅力，
尤其是綠色系的(圖為中國樹蟾)。

穿上青蛙造型鞋，
也許長大以後會跳得更遠！

戴上青蛙造型帽子，
變身成青蛙小公主！

小茉莉在青蛙玩偶的陪伴下
睡著了。

在青蛙玩偶的陪伴下長大，
是件很幸福的事！

09

Chapter 1
何謂兩棲類？

兩棲類又稱兩生類，
屬於脊椎動物亞門，現生者分為三大類，
分別為無尾目、有尾目和無足目。
前者簡單的講，就是成體有腳，但是沒有尾巴的構造，
大家所知道的青蛙和蟾蜍，都是無尾目的成員，
目前台灣已知共有33種；
至於有尾目，則是成體有腳，
且也有尾巴的種類包含山椒魚、蠑螈、娃娃魚，
目前台灣確認有5種山椒魚；
而無足目是外型類似蚯蚓，但無四肢的蚓螈，
不過蚓螈在台灣並無分佈。
大多數兩棲類在牠們的一生當中需經歷兩個主要的時期，
幼態時期都是在水中孵化，
並且用鰓呼吸，就像魚類一樣，
但不同的是，這些兩棲類成體的呼吸器官，
會由原本的鰓轉換成肺及皮膚呼吸，
綜合以上兩個要點，才能稱之為兩棲類。

有尾目與無尾目之比較

成體有腳，但沒有尾巴的青蛙(圖為福建大頭蛙)。

外型像蜥蜴，成體有腳且也有尾巴的山椒魚
(圖為楚南氏山椒魚)。

無尾目的動物中，長大後的成體無尾巴之構造，通常稱之為青蛙（尾蟾除外）。青蛙的四肢較長，大多可以跳躍，多數的雄蛙具有鳴囊，卵一般產於水中或近水源處，其幼態稱之為蝌蚪，這與有尾目的山椒魚有很大的不同。山椒魚的幼態時期就稱之為幼態，成體雖然有長長的尾巴，但卻無法像青蛙一樣可以跳躍，也不像青蛙一樣可以鳴叫。

山椒魚並不像青蛙一樣，可以跳躍、鳴叫，移動方式主要為爬行。(圖為台灣山椒魚)

青蛙多以跳躍方式移動，且大多數的雄蛙都具有鳴囊。(圖為日本樹蛙)

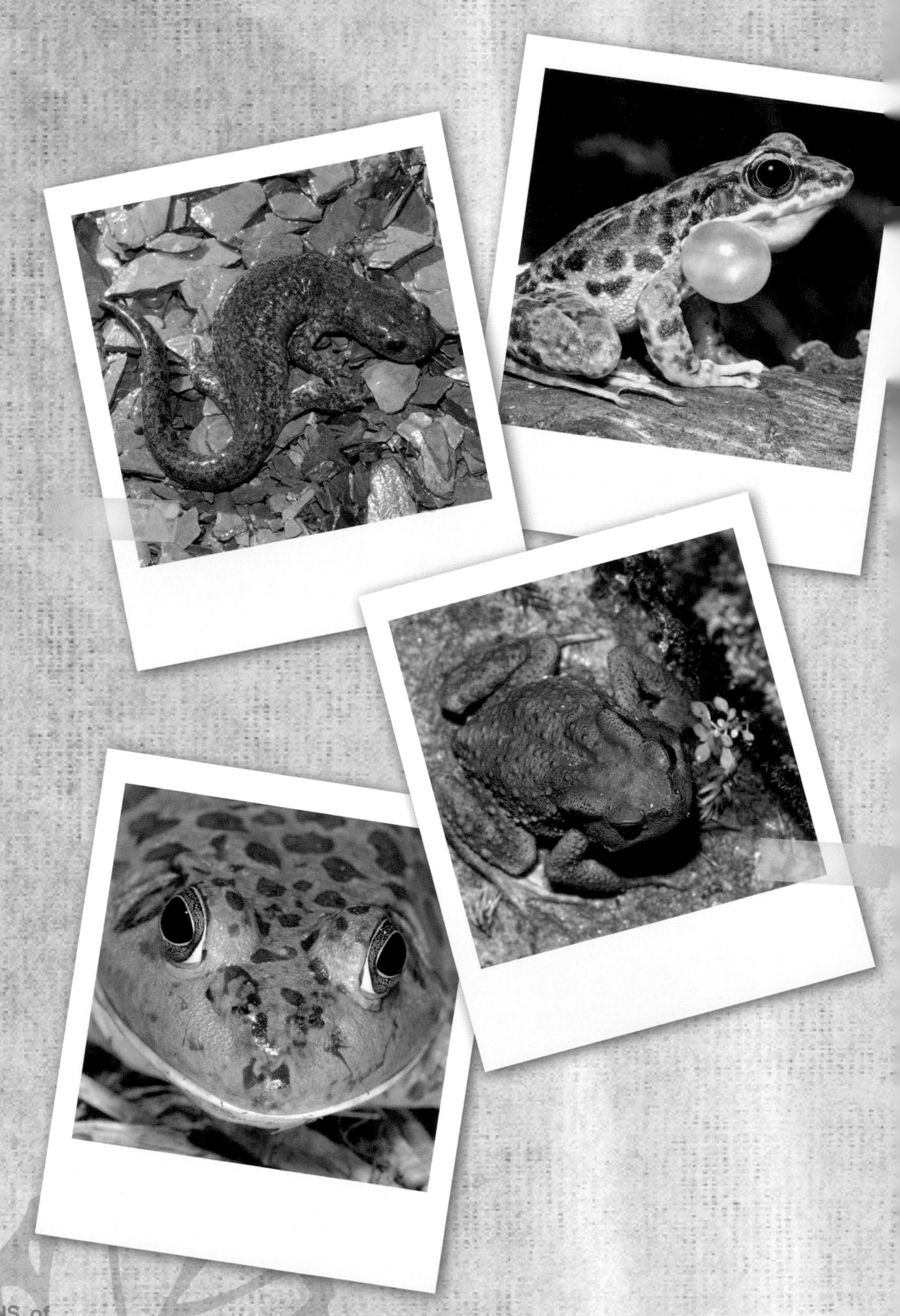

Chapter 2
外形介紹

青蛙與山椒魚都能適應於水、陸兩棲的生活，
大多喜歡在靠近水源及潮濕的環境中活動，
唯一的不同是青蛙的身體分為頭部、軀幹和四肢等三部分，
而山椒魚則多了頸部及尾巴的結構。

認識牠們不同的身體構造，
觀察牠們每一個與眾不同的特徵，
是我們辨識種類的重要課程，
現在就讓我們一起深入兩棲類的世界！

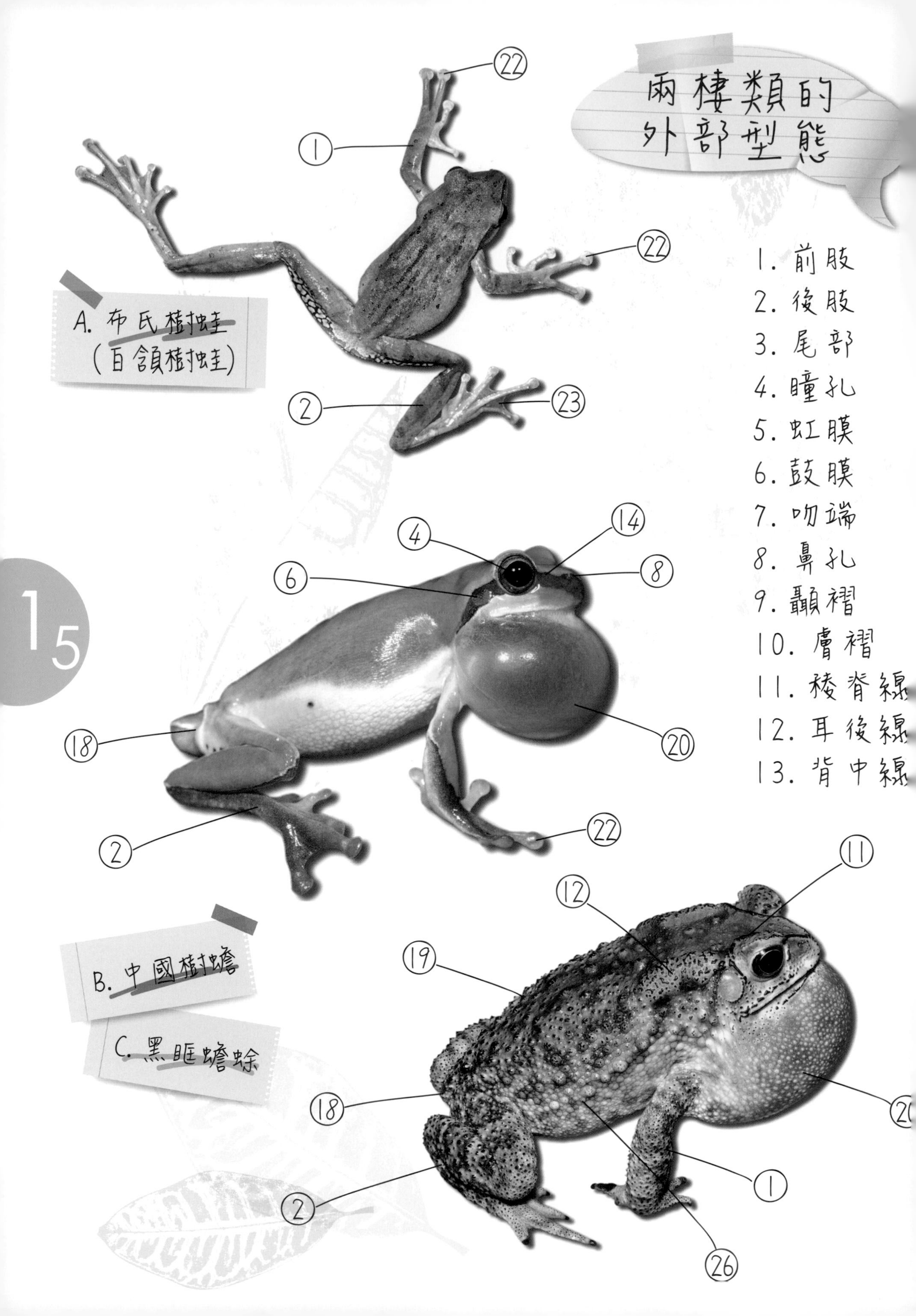

兩棲類的
外部型態
1. 前肢
2. 後肢
3. 尾部
4. 瞳孔
5. 虹膜
6. 鼓膜
7. 吻端
8. 鼻孔
9. 顳褶
10. 膚褶
11. 稜脊線
12. 耳後線
13. 背中線
A. 布氏樹蛙
(白頷樹蛙)
B. 中國樹蟾
C. 黑眶蟾蜍

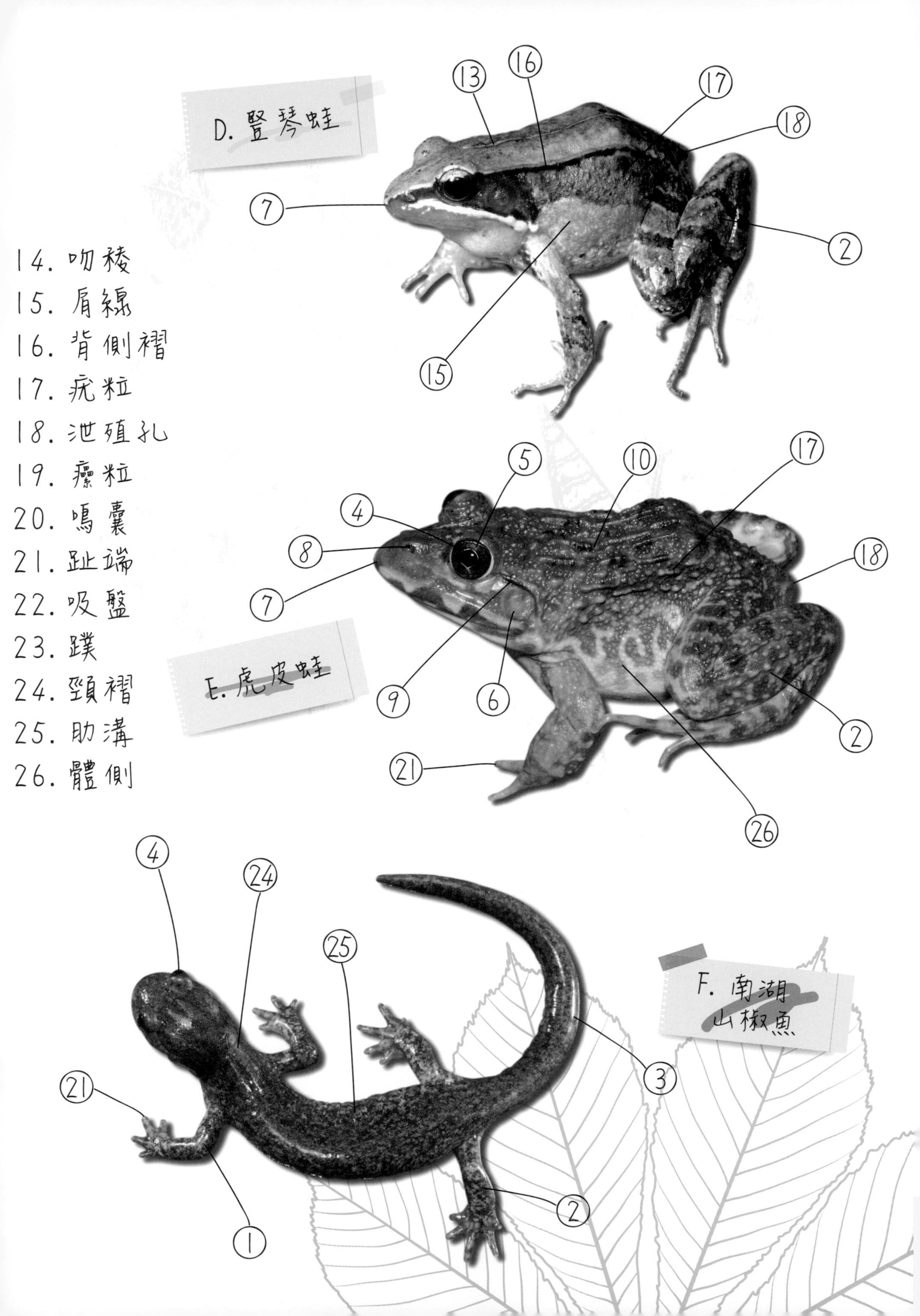

D. 豎琴蛙
E. 虎皮蛙
F. 南湖山椒魚
14. 吻稜
15. 肩線
16. 背側褶
17. 疣粒
18. 泄殖孔
19. 瘰粒
20. 鳴囊
21. 趾端
22. 吸盤
23. 蹼
24. 頸褶
25. 肋溝
26. 體側

鳴囊的型態

除了山椒魚之外，大多數的雄蛙都會鳴叫，而鳴囊的型態則依種類而異，有些蛙類鳴叫的時候，鳴囊只有微微的突起且較不透明，幾乎看不到明顯的鳴囊，此類型稱之為「內鳴囊」；反之，有些種類在鳴叫時，鳴囊明顯脹大呈透明，於喉部兩側或中間，此類型稱之為「外鳴囊 」。若以鳴囊數量及位置來區分，可分為「咽下單鳴囊 」、「咽下雙鳴囊 」、「咽側單鳴囊 」。此外，也有無鳴囊的種類，如盤古蟾蜍。

面天樹蛙是咽下單鳴囊。

拉都希氏赤蛙是內鳴囊。

斯文豪氏赤蛙是咽側雙鳴囊。

腹斑蛙是咽下雙鳴囊。

青蛙的鳴叫聲，除了用來求偶以外，也會隨著不同情境和狀況而有所改變，例如：如果雄蛙錯抱了不同種類或同種同性別的青蛙，被牠錯抱的青蛙，則會發出特別的釋放聲來告知對方，因此，錯抱的雄蛙才有可能會放手。此外，還包括：領域叫聲、求救叫聲、爭鬥叫聲等。領域叫聲通常是同種青蛙相遇時所發出的叫聲，而驚嚇鳴聲則是被掠食者抓住時才會發出，至於爭鬥叫聲，則是遭遇同類彼此大打出手時發生。

被掠食者抓住時，會發出驚嚇鳴聲。

兩隻小雨蛙相遇時，會刺激彼此叫的更賣力。

青蛙打架時也會發出爭鬥般的聲音，圖為中國樹蟾。

雄蛙錯抱雄蛙，被抱的雄蛙會發出釋放叫聲，圖為日本樹蛙。

Chapter 3
兩棲類的生活史

兩棲類動物大多喜愛在較潮濕的環境中活動，
所以在繁殖過程中常會選擇近水源的水域產卵，
某些種類會利用積水的樹洞，將卵產在洞內，
例如莫氏樹蛙、艾氏樹蛙、橙腹樹蛙等，
有些物種則喜愛在泥巴地環境，例如台北樹蛙、豎琴蛙等，
雖然物種不同，但都是必須以水當作介質，
過程中若無水資源常無法順利長大。

兩棲類動物的生活史必須經歷兩個時期，
幼態時期是生活在水中，以鰓呼吸；
成體時期則是生活在陸地，以肺及皮膚呼吸。
目前台灣已發現的兩棲類共有38種，
其中無尾目有33種，有尾目5種，

無尾目的一生為：
卵→蝌蚪→幼態長後腳→幼態長前腳→帶尾的小蛙→幼蛙→成蛙。

有尾目的一生則為：
卵→幼態→幼態長前腳→幼態長後腳→幼體→成體。

兩棲類的生活史

無尾目動物成員是大家所熟悉的青蛙和蟾蜍，成體並無尾巴構造（尾蟾除外），常將卵產在水裡或水邊植物體上，當雌蛙產下的卵完成授精後，卵便開始產生一連串的變化。幾個小時後卵開始迅速分裂，幾天後卵內胚胎開始成形，如豆芽一般，接著開始形成蝌蚪的輪廓，此時的蝌蚪仍然在膠狀物質的保護中，當蝌蚪成長到一定時期後才會分泌酵素水解膠質，開啟蝌蚪時期的水中生活。蝌蚪食物相當多樣，但主要還是以水中的植物或腐敗之落葉為食。其後先長後腳，再長前腳，呼吸開始轉為以肺替代，尾巴逐漸萎縮並開始離開水域環境。而有尾目的山椒魚，其生活史與無尾目的青蛙不盡相同，長大後仍然保有尾巴構造。

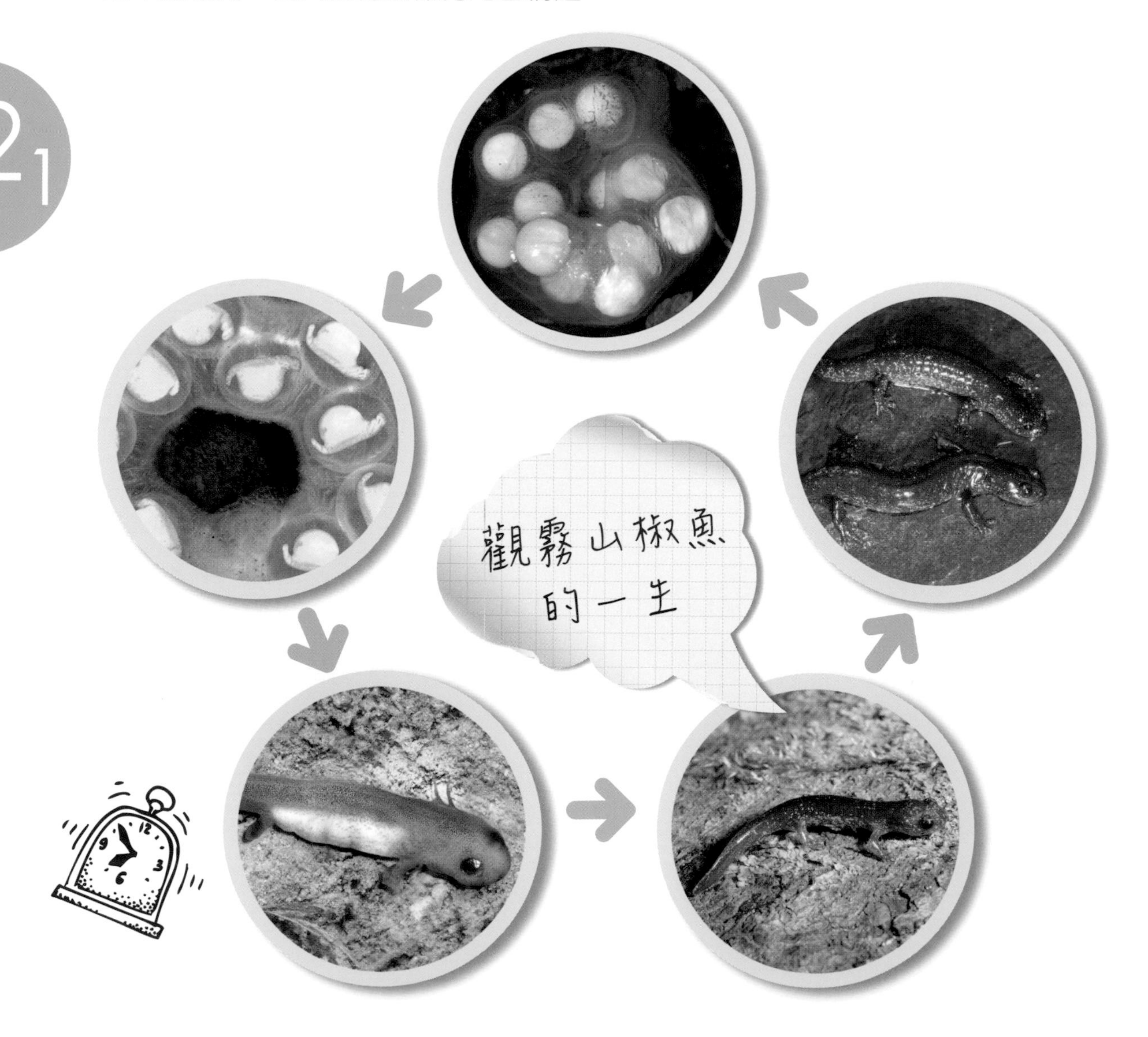

莫氏樹蛙
的一生

兩棲類動物的卵

不同種類所產下的卵型態大不相同，依不同的聚集方式大致可區分為：

1.顆粒型

如艾氏樹蛙及面天樹蛙所產下的卵。

2.卵莢型

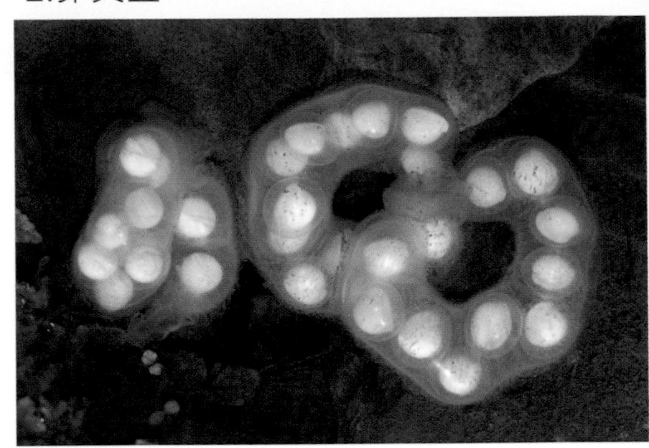

山椒魚的卵外層主要為膠質所包覆，形成卵莢結構。

3.卵串型

卵排列於長形膠質卵串中，如盤古蟾蜍和黑眶蟾蜍。

.卵團型

卵具黏性，並聚集成一團，如梭德氏赤蛙及長腳赤蛙，且偶爾可見牠們在同一處聚集產卵的習性，此圖為數十對梭德氏赤蛙所產下的卵團。

.漂浮型

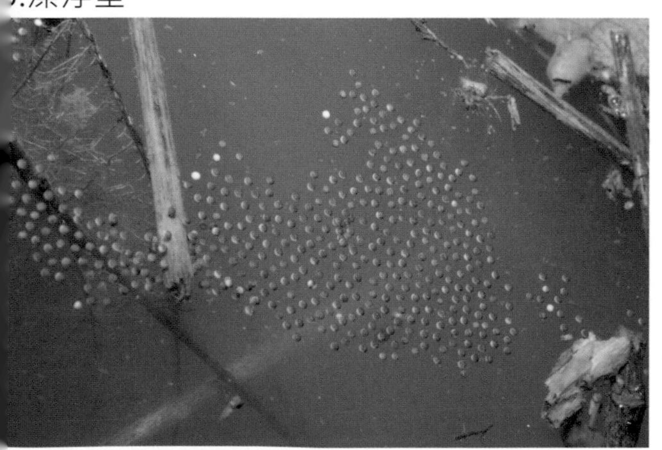

一般漂浮在水面上，有的則會沉入水中。

6.卵泡型

除面天樹蛙及艾氏樹蛙以外，大部分台灣的樹蛙都是卵泡型。

幼態

兩棲類的幼態時期，是生活在水中，在這個階段，無尾目的青蛙稱之為「蝌蚪」，有尾目的山椒魚稱之為「幼態」，雖然名稱不同，但相同的是，幼態時期都是透過鰓來呼吸。幼態時期的尾鰭能幫助牠們在水裡像魚一樣的游動，但只有山椒魚在長大後仍然保有尾巴，青蛙的尾巴會隨著成長而逐漸消失。兩棲類動物幼態時期的辨識主要以外型、花紋為主，有些種類則不容易分辨，可依其棲息環境來加以判斷！

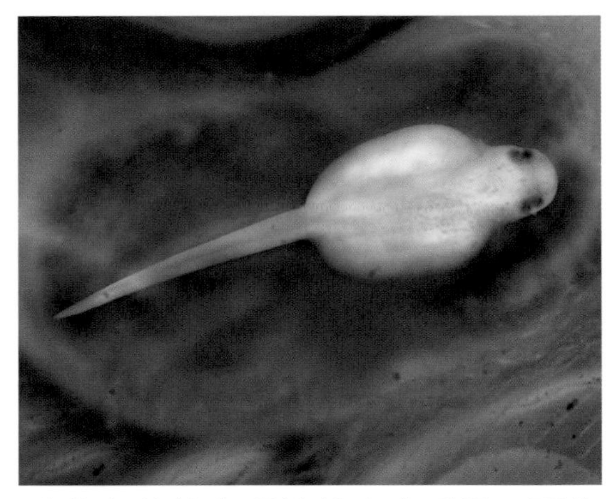

山椒魚的棲息環境較少有重疊，可依區域判斷其種類。

布氏樹蛙蝌蚪，吻端有一明顯的白色斑點。

黑蒙西氏小雨蛙蝌蚪，身體呈透明，口部如漏斗狀。

面天樹蛙蝌蚪，身體褐色，背部有金點。

中國樹蟾蝌蚪，背部有兩條明顯金線。

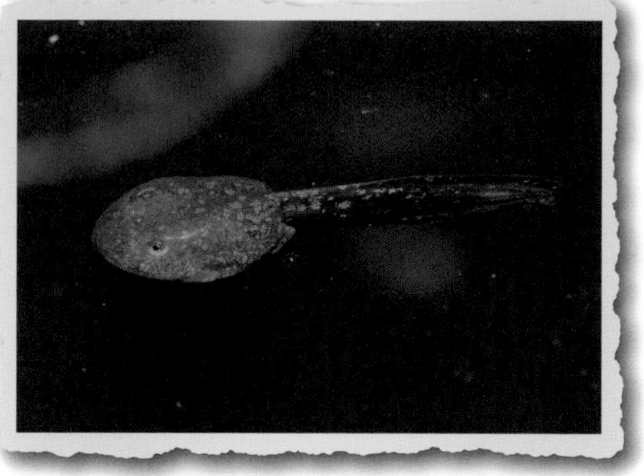

翡翠樹蛙蝌蚪，體色偏黑。

尾部細長的梭德氏赤蛙蝌蚪。

體色偏黑，尾巴有身體2倍長的斯文豪氏赤蛙蝌蚪。

拉都希氏赤蛙蝌蚪，身體及尾巴常有深色斑點。

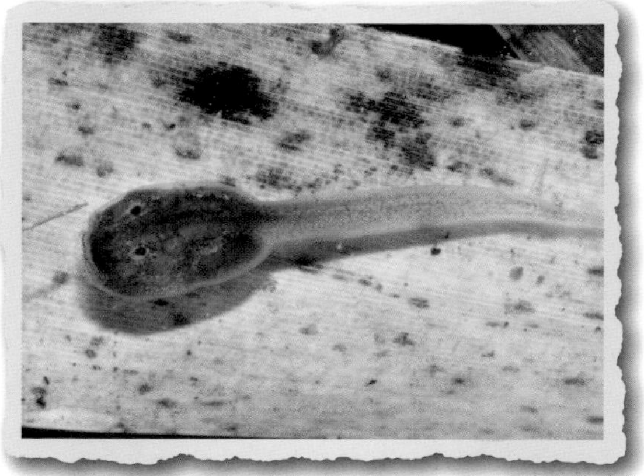

艾氏樹蛙蝌蚪，體色較黑，吻端較平鈍。

豎琴蛙蝌蚪，身體有許多細小褐色斑點，尾端較尖。

福建大頭蛙蝌蚪，兩眼間有一明顯白色斑點，尾巴有多條橫紋。

幼體

當前肢與後肢都長出來時，變態就快要完成了，此時的呼吸器官將由鰓轉變成肺與皮膚，並且開始嘗試離開水域環境，不過多數種類並不會離水源太遠，這時的身體接近半透明狀，尾巴則會隨著成長逐漸萎縮消失，而山椒魚尾巴則會終生保留並不會消失。此外，山椒魚的幼體身上常有細碎的小斑點。

仍帶有尾巴的面天樹蛙幼體。

成群離開水面登陸上岸的澤蛙幼體。

尾巴逐漸萎縮消失的斑腿樹蛙幼體。

仍帶有尾巴的莫氏樹蛙幼體。

觀霧山椒魚幼體。

楚南氏山椒魚幼體。

成群登陸上岸的觀霧山椒魚幼體。

仍帶有尾巴的拉都希氏赤蛙幼體。

仍帶有尾巴的台北赤蛙幼體。

仍帶有尾巴的福建大頭蛙幼體。

尾巴完全消失的長腳赤蛙幼體。

尾巴完全消失的豎琴蛙幼體。

成體

當牠們經過變態後，通常還得至少需要三至四個月，才會逐漸成為成體，此時也正式展開陸地上的生活，體色也會由半透明狀轉為深色。大部份的青蛙通常一年會達到成熟體，而山椒魚則因成長速度較慢，通常需三年後才可達成熟體。

兩對抱接的台北赤蛙。

中國樹蟾抱接。

斯文豪氏赤蛙抱接。

面天樹蛙抱接。

褐樹蛙抱接。

台北樹蛙抱接。

日本樹蛙抱接。

翡翠樹蛙抱接。

長腳赤蛙抱接。

黑眶蟾蜍抱接。

莫氏樹蛙抱接。

拉都希氏赤蛙抱接。

諸羅樹蛙抱接。

疑似配對中的台灣山椒魚。

山椒魚為兩棲類動物，
成體具有尾巴構造，
乍看之下外觀長得有點像蜥蜴，
常會被誤認為是爬蟲類動物，
但其體表光滑，且不具有鱗片。
其分類階層為：

- 動物界 Animalia
- 脊索動物門 Chordata
- 兩棲綱 Amphibia
- 有尾目 Caudata

Chapter 4-1
台灣的山椒魚

目前台灣已發現的山椒魚共有5種，均為台灣特有種，
並且為瀕臨絕種保育類動物。

有尾目山椒魚科：

1. 阿里山山椒魚：體長約為8～10cm，
分布於中央山脈南段、玉山山脈、阿里山山脈等，
體色為褐色及紅褐色，除少數個體具白色斑外，
多數個體不具任何斑點。前趾為四趾，後趾通常為完整的五趾。

2. 台灣山椒魚：體長約為7～9cm，
分布於中央山脈中、北段及雪山山脈南段等，
體色為紅褐色，體表散佈不規則斑點，
前、後趾皆為四趾。

3. 觀霧山椒魚：體長約為8～10cm，
分布於雪山山脈西北部等，
體色為黑褐色，體表散佈白色斑點，
前後趾皆為四趾。

4. 南湖山椒魚：體長約為10～14.5cm，
分布於中央山脈北段及雪山山脈等，
體色為褐色，體表散佈黑褐色斑點，
前趾為四趾，後趾為五趾，第五趾略為萎縮。

5. 楚南氏山椒魚：體長約為9～12cm，
分布於中央山脈中北段等，
體色為褐色，體表散佈塊狀白色斑點，
前趾為四趾，後趾為五趾，第五趾略為萎縮。

阿里山山椒魚

Hynobius arisanensis (Maki, 1922)

* 俗別名：阿里山小鯢、阿里山土龍
* 體型大小：體長約為8cm，最大可達10cm
* 食性：以鼠婦、蚯蚓等小型無脊椎動物為食。
* 稀有評估：少見，保育類等級I（瀕臨絕種保育類）

台灣的5種山椒魚中，阿里山山椒魚可以說是較容易發現的種類，不過話雖如此，當初要找牠時也花了很大的功夫。記得那天大家從天黑開始，花了整個晚上，翻遍了山區可能會出現的地方，只發現蚯蚓、蜘蛛、蜈蚣，實在是越找越無力！不知不覺中天亮了，大家的雙手也都快凍僵，心想這次應該是損龜了，那只好下次再來吧，此時志明已經收工準備休息，雙手插在口袋中，走著、走著，順腳就這麼一踢，咦，石頭底下的不就是阿里山山椒魚嗎？

幼體體表散佈白色斑點

體色為紅褐色個體，少數個體仍具有白色斑

體色為褐色個體

體色為淺褐色個體

脫皮中的幼體

正在捕食鼠婦

體側具明顯肋溝

後趾通常具有完整的五趾

台灣山椒魚

Hynobius formosanus (Maki, 1922)

* 俗別名：臺灣小鯢、土龍
* 體型大小：體長約為7cm，最大可達9cm
* 食性：以鼠婦、蚯蚓等小型無脊椎動物為食。
* 稀有評估：少見，保育類等級I（瀕臨絕種保育類）

在探訪完兩棲類中的青蛙後，約略是隔了四年，總算才一睹了台灣山椒魚的風采。在尋找台灣山椒魚的過程中，也享受了山林內的綠意芬芳、蟲鳴鳥叫，雖然前幾次都是損龜而回，但是走在這令人放鬆的山中，也是讓人通體舒暢！記得第一次看到牠時，牠的花紋實在令人讚嘆不已！台灣山椒魚的體色主要為紅褐色，體表散佈不規則的金色斑點，像是在巧克力蛋糕上撒了一把金粉，或多或少，點綴了這美麗的身軀。而台灣山椒魚體長約只有9cm，是台灣產五種山椒魚中體型最小的。

體色較黑的個體

體表散佈不規則斑點

斑點較少的個體

斑點較多的個體

脫皮中的成體

正在捕食蚯蚓

體表的不規則斑點

後趾通常只有四趾

觀霧山椒魚

Hynobius fuca Lai and Lue, 2008

* 俗別名：黑山椒魚
* 體型大小：體長約為8cm，最大可達10cm
* 食性：以鼠婦、蚯蚓等小型無脊椎動物為食
* 稀有評估：少見，保育類等級I
（瀕臨絕種保育類）

某天，小黑又有新計畫了，而且事前還故意不說搞神秘，只說了要去北部山區，出發後才知道是要去尋找最新發表的物種「觀霧山椒魚」。這種山椒魚喜歡在森林的潮溼處活動，常躲在潮濕泥土及石塊等遮蔽物之下，並不容易發現，主要特徵是全身（包含腹部）都佈滿了細小的藍白色斑點。在尋找的過程中，小黑還唬爛大家說他發現了，結果都只是螃蟹，真是令人覺得好氣又好笑。不過不得不佩服小黑那種絕不輕易放棄的精神，雖然山區的霧那麼的大，偶爾還下點雨，但經過幾個小時的努力，終於發現了2隻個體！

幼體體表散佈藍色斑點

成體體表散佈白色斑點

體色為紅褐色個體

體色為黑褐色個體

體色為淺褐色個體

體表白色斑點明顯

前後趾皆為四趾

觀霧山椒魚卵鞘

南湖山椒魚

Hynobius glacialis Lai and Lue, 2008

* 俗別名：冰河山椒魚
* 體型大小：體長約為10cm，最大可達14.5cm
* 食性：以鼠婦、蚯蚓等小型無脊椎動物為食
* 稀有評估：少見，保育類等級I
  (瀕臨絕種保育類)

南湖山椒魚是台灣產山椒魚中體型最大者，也是台灣近年新發現的物種，目前已知這種山椒魚數量稀少，相當難得一見，只生活在地勢高聳、險峻的圈谷中，因路程較遠，所以必須有充足的體力，想看見牠就必須要挑戰自己！這次記錄南湖山椒魚的旅程中，靠著大家相互扶持才能一路挺進圈谷，在高山中我們沒有別人的幫助，只知道「這是一項挑戰體能極限的計畫」，就憑藉著一股傻勁與勇氣去完成夢想，事後大家都覺得非常不可思議，懷疑自己當時怎會答應挑戰這「不可能的任務」。

體色為黃褐色個體

體色為黑褐色個體

為台灣體型最大的山椒魚

張嘴

體色黃褐色個體斑點明顯

體色黑褐色，斑點顏色與體色相似

體側具有明顯肋溝

前趾為四趾，後趾為五趾，第五趾略為萎縮

盤古蟾蜍

Bufo bankorensis Barbour, 1908

* 俗別名：台灣蟾蜍、癩蝦蟆、招錢（閩南語
* 體型大小：體長約為6cm，最大可達20 cm
* 食性：以昆蟲、蚯蚓等小型無脊椎動物為食
* 稀有評估：常見
* 耳後腺及疣皆能分泌毒液

盤古蟾蜍是台灣2種蟾蜍中體型最大者，也是台灣的特有種，牠是山區相當的蛙類，不過盤古蟾蜍平常並不會鳴叫，所以並沒有所謂的「泡泡」可拍，因到後多半並不會特別去記錄，除非顏色是比較特別的或體型較大的個體外，偶會幫牠拍個幾張照片！有次Hoher恰巧目擊盤古蟾蜍正在產卵，不過當Hoher告知時，我們都不在台中，雖然很想拍，但也只能留點遺憾，下次再來了！

蝌蚪黑色，常聚集成群

體色變為黃褐色個體

體色變為深褐色個體

體色變為紅色個體

眼後方具耳後腺，可分泌白色毒液

產卵

卵為長條形卵串

幼體長的很像史丹吉氏小雨蛙

特有種 保育類 外來種

中國樹蟾

Hyla chinensis Günther, 1858

* 俗別名：中國雨蛙、雨怪
* 體型大小：體長約為3cm，最大可達4cm
* 食性：以昆蟲等小型無脊椎動物為食
* 稀有評估：局部常見

「什麼！有像蟾蜍又像樹蛙的青蛙？那長相應該會很奇怪吧！」中國樹蟾之所以會有「樹蟾」這名字，是因為牠有著類似蟾蜍的骨骼以及樹蛙的吸盤兩種特質，才會稱之為樹蟾，是台灣樹蟾科裡唯一的成員。中國樹蟾普遍分佈於全島的低海拔山區及平地，在每年的春天過後，只要一有下雨，果園裡經常就可以聽到他們齊聲鳴唱的歌聲，雖然體型不大，可是聲音卻十分宏亮。身體呈翠綠色，有著如「蒙面俠」般的深色過眼帶，模樣十分可愛！

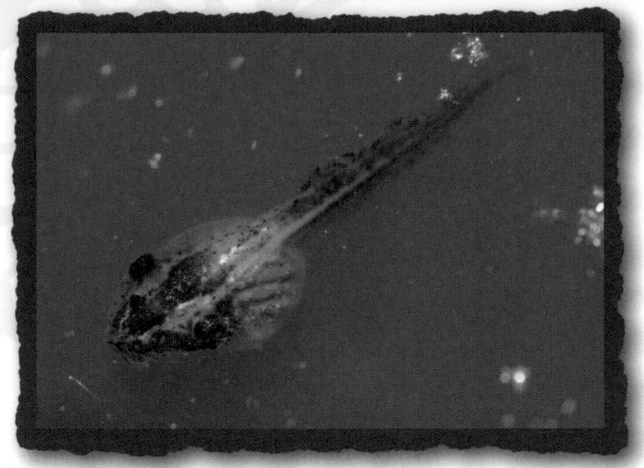
蝌蚪背上有二條金線，容易辨識

剛上岸的小蛙，體色為褐色

成蛙體色多為綠色

體色偏藍的個體

大腿內側黃色，上有黑色斑點

頭部有深色過眼條紋

產卵

剛產下的卵

花狹口蛙

Kaloula pulchra Gray, 1831

* 俗別名：亞洲錦蛙
* 體型大小：體長約為6cm，最大可達8cm
* 食性：以昆蟲、蚯蚓等小型無脊椎動物為食。
* 稀有評估：台灣南部偶見

花狹口蛙頭小、嘴小呈三角形及體型龐大是花狹口蛙主要的特徵！初次看到牠，心想怎麼會那麼大隻，跟台灣其牠狹口蛙科成員相比，體型實在差異極大；花狹口蛙遇人為干擾時會用「倒退嚕」的方式，挖洞並將身體藏起來，而且牠也是爬樹高手，常可見到牠爬到比人還高的樹上，明明就是肥胖的身體，但卻可以爬的那麼高，真是蛙不可貌相！花狹口蛙原不屬於台灣，可能因人為意外引進，現在南部某些地區數量頗多，對當地物種的衝擊，實在難以評估！

蝌蚪

剛脱完皮的個體體色較淺

頭小身體大

花狹口蛙非常擅長爬樹

鳴囊大

身體鼓氣準備鳴叫

花狹口蛙抱接

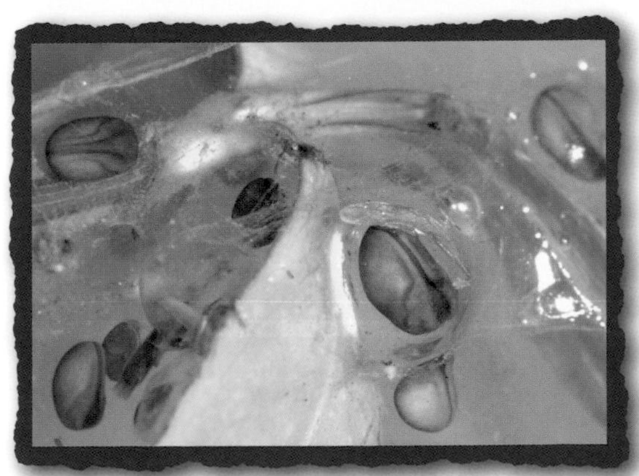
卵常產在暫時性的水域中

巴氏小雨蛙

Microhyla butleri Boulenger, 1900

* 俗別名：粗皮姬蛙
* 體型大小：體長約為2cm，最大不超過3cm
* 食性：以螞蟻等小型昆蟲為食。
* 稀有評估：台灣中部少見，南部偶見。

每年的夏天一到，特別是下過雨的夜晚，在174縣道旁可以聽見如鴨子般的叫聲，如雷貫耳，在晚上聽起來是特別的不協調，不過那當然不是真的鴨子，而是巴氏小雨蛙正在賣力的唱歌！雖然季節到了可以聽見此起彼落的叫聲，不過要找到本尊也要花點心思，巴氏小雨蛙喜歡躲在草叢、落葉等遮蔽物下，稍有干擾便會停止鳴叫，不過只要把燈關掉，靜靜的等候片刻，牠就會再度的唱歌給你聽

開始長後腳的幼態

剛上岸的小蛙

小蛙背部花紋較不明顯

成蛙背部有明顯花紋

成蛙體型最大不超過3公分

成蛙與小蛙，小蛙不到1公分

準備鳴叫

巴氏小雨蛙抱接

特有種 保育類 外來種

小雨蛙

Microhyla fissipes Boulenger, 1884

* 俗別名：飾紋姬蛙、小姬蛙
* 體型大小：體長約為2.4cm，最大約3cm
* 食性：以小型昆蟲為食。
* 稀有評估：常見

氣候乾了好一陣子，終於下了一場大雨，看樣子，晚上一定很熱鬧，拿起電話趕緊約一約，大伙就一起到大坑賞蛙了！才剛下車，此起彼落的聲音就從四面八方傳來，地面上到處都是青蛙，深怕不小心會踩到牠們。其中以小雨蛙的數量最多，叫得也最猛烈，可別看小雨蛙的體型小，叫聲可是超乎你想像的宏亮，小小身體卻是有驚人的音量！燈光照了過去，仍然還是賣力的鳴叫，完全不理會我們，看來今天是個適合拍泡泡的好機會！

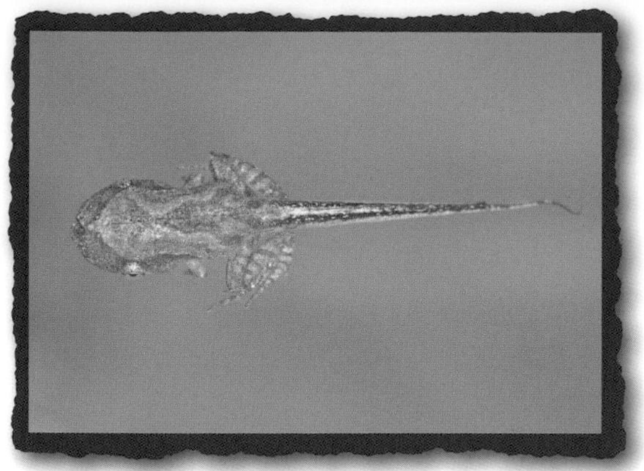

前、後腳已經長出的幼態

小蛙

成蛙體型約2.4公分

背部有塔狀花紋

鳴叫聲非常響亮

下雨過後常會大量聚集

小雨蛙抱接

產卵

黑蒙西氏小雨蛙

Microhyla heymonsi Vogt, 1911

* 俗別名：小弧斑姬蛙
* 體型大小：體長約為2cm，最大約3cm
* 食性：以小型昆蟲為食。
* 稀有評估：台灣中南部、東南部偶見

咦！這叫聲到底是小雨蛙還是黑蒙西氏小雨蛙？在剛開始聽音辨蛙時，聽了許久還是沒啥把握可以區分，因為這兩種的聲音實在是太像了！不過若是有聽過This 2種同時鳴叫，還是可以聽得出細微的差別，黑蒙西的聲音比小雨蛙的叫聲較為低沉，且頻率比較緩慢。記得剛開始賞蛙時，要找牠們可是相當折磨人，因為牠們總是喜歡躲在短草植物的根部或是落葉堆底下，手電筒照著地上好久，老是找不到，真的是「最遙遠的距離是我在你的面前，而你卻沒發現」！

已長後腳的幼態

剛上岸的小蛙

背部有一條明顯的背中線

背中線上有一或兩個黑色小括弧

背中線不規則的個體

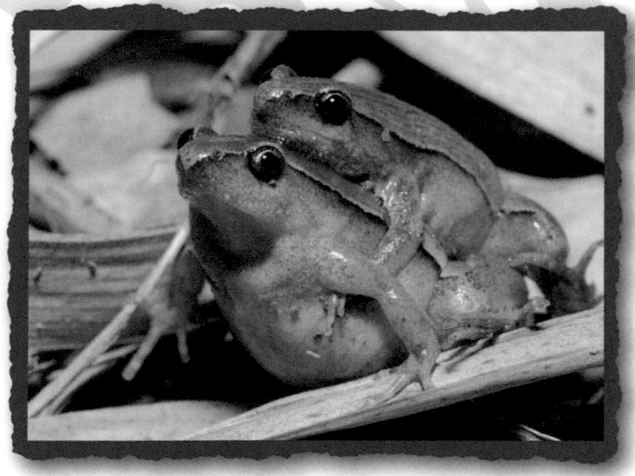

黑蒙西氏小雨蛙抱接

產卵

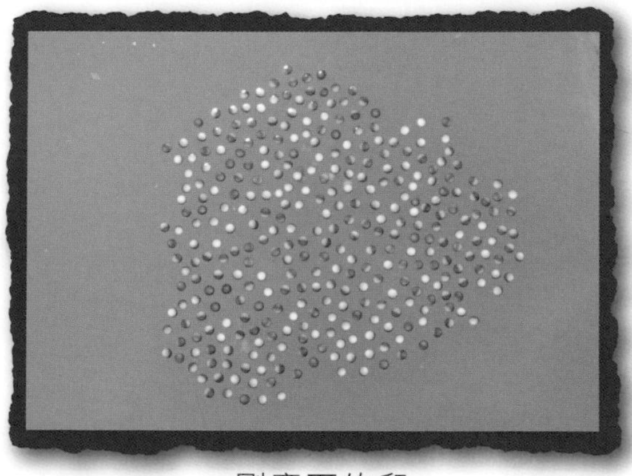

剛產下的卵

特有種 保育類 外來種

日本樹蛙

Buergeria japonica (Hallowell, 1861)

* 俗別名：溫泉蛙
* 體型大小：體長約為3cm，最大約3.5cm
* 食性：以昆蟲等小型無脊椎動物為食
* 稀有評估：常見

在台灣的青蛙當中，有一種體型小，鳴叫聲有如蟲鳴，可以耐受較高溫度的溪水，在溫泉水附近仍然可以見到其蹤跡，牠就是有著「溫泉蛙」稱號的日本樹蛙！記得有天晚上，小黑來電說看到一大群日本樹蛙抱接，至少超過50對，一定有精采的生蛋畫面可以看，不過心理卻想小黑應該是騙人的，想要在半夜騙我們出門，一定是摃龜沒看到太多東西，無聊想找我們去喇D賽，但沒想到隔天他圖一貼，小黑我真的誤會你了！

蝌蚪尾巴細長

小蛙

體色變黃色的個體

體色變深褐色的個體

日本樹蛙抱接

集體婚禮

產卵

剛產下的卵

褐樹蛙

Buergeria robusta (Boulenger, 1909)

* 俗別名：壯溪樹蛙
* 體型大小：體長約為5cm，最大可達9cm
* 食性：以昆蟲等小型無脊椎動物為食
* 稀有評估：常見

褐樹蛙是低海拔山區溪流常見的蛙種，體色變化很大，包括黃褐、灰褐、綠褐、紅褐、灰黑或黃色等，春、夏及秋天都可以見到，繁殖季時會大量出現於溪流中，雄蛙體色也會變成黃色，相當鮮豔！某次大家相約去霧峰山區走走，正好遇上了褐樹蛙的繁殖高峰，且可能因為數量多的關係，變得比較不怕人，眼前時常上演雄蛙的吹泡泡秀，大家拍的不亦樂乎，平常要看到可是非常不容易，真的是賺到了！

剛上岸的小蛙

白天時，褐樹蛙體色常是灰白色

雄蛙體色變為黃褐色

體色偏紅褐色的雌蛙

覓食中的褐樹蛙

眼睛淺色區形成T字型

繁殖季雄蛙體色常會轉為黃色

剛產下的卵

特有種 保育類 外來種

艾氏樹蛙

Kurixalus eiffingeri (Boettger, 1895)

* 俗別名：無
* 體型大小：體長約為3cm，最大可達5cm
* 食性：以昆蟲等小型無脊椎動物為食
* 稀有評估：常見

「嗶～嗶～嗶～」剛開始賞蛙的朋友，最容易把這聲音與面天樹蛙的叫聲搞混不過當你仔細聆聽，就會發現其中的差別。面天樹蛙就像是急燥的年輕人，而艾氏的叫聲則是像沉穩、內斂的中年人。除此之外，艾氏樹蛙還有著與眾不同的繁殖習性，雌蛙多半都是將卵產在樹洞或竹筒內，產完之後，雄蛙會不斷的在竹筒裡上上下下，將水抹在卵上，以保持卵的溼潤，直到卵孵化為止，如此特殊的習性，也讓牠在蛙界中有著新好男人的美名！

蝌蚪頭部平扁，多在竹筒或樹洞內

剛上岸的小蛙

體色變為淺綠的個體

體色變為綠色的個體

體色變為褐色的個體

艾氏樹蛙有護卵行為

艾氏樹蛙抱接

產於竹筒內的卵

面天樹蛙

Kurixalus idiootocus (Kuramoto and Wang, 1987)

* 俗別名：無
* 體型大小：體長約為3cm，最大可達5cm
* 食性：以昆蟲等小型無脊椎動物為食
* 稀有評估：常見

什麼！療傷系青蛙？在蛙友間流傳著這一個稱號，是因為每在蛙況很不好的時候，總是還能看到牠們的身影，以撫慰損龜受傷的心靈，而不至於敗興而歸！印象最深刻的是，某次夜晚在大坑山區，一條經常夜觀的水溝裡有著不少面天聚集，刻意離開幾次又再回來觀察，其中見到兩對抱接，心想每次都只有看到落葉堆底下的蛙卵，但卻沒見過面天下蛋，今天就碰碰運氣吧！過沒多久，居然有一對開始下蛋了，趕緊用相機記錄這珍貴的畫面，畢竟這大景得來不易啊！

蝌蚪體型不大，身體有許多金黃色斑點

剛上岸的小蛙

面天樹蛙和艾氏樹蛙外型相似

雌蛙

大腿內側有黃色斑紋

面天樹蛙抱接

卵通常產於落葉堆下，但不容易見到產卵的畫面

產下的卵非常像是粉圓

特有種 保育類 外來種

布氏樹蛙

Polypedates braueri (Vogt, 1911)

* 別名：白頷樹蛙
* 體型大小：體長約為5cm，最大可達7cm
* 食性：以昆蟲等小型無脊椎動物為食
* 稀有評估：常見

很多人都知道青蛙會隨著環境改變體色，但是所謂沒圖沒真相，還是要親眼見到才會相信。青蛙主要是夜間活動，白天就比較不容易見到，但有不少青蛙在白天的顏色可是超乎你的想像，如布氏樹蛙，有些個體在白天時體色會變成灰白色，與晚上見到的褐色或黃褐色差異極大！有次白天在大坑步道健行，發現前方茹婆芋葉上有白色不明物，遠看以為只是一般的鳥大便而已，沒想到接近一看，正是一隻布氏樹蛙在休息，讓第一次見到的我們驚呼連連，這青蛙變色的功力實在是厲害！

蝌蚪吻端有明顯白色斑點

剛上岸的小蛙

背部有多條紋的個體

背部深色斑點較多的個體

大腿有如網狀的花紋是主要辨識特徵

布氏樹蛙抱接

產卵時偶有2隻以上雄蛙同時踢卵

卵泡

斑腿樹蛙

Polypedates megacephalus Hallowell, 1861

* 俗別名：無
* 體型大小：體長約為5cm，最大可達7cm
* 食性：以昆蟲等小型無脊椎動物為食
* 稀有評估：局部常見

幾年前，野外出現了陌生的青蛙，數量逐漸增加且有擴散的跡象，推測應是田
地區跟著水草引進台灣的新外來種—斑腿樹蛙。聽到這消息，便趕緊到彰化田尾
訪，憑藉著獨特的機關槍叫聲尋找，就在某間資材店旁的水溝發現疑似聲音，慢
靠近一看，果然是牠，跟布氏樹蛙(白頷)長的真的很像！只是仔細端詳這環境，
溝裡有不少垃圾，而且水質也不算乾淨，不過竟然可以在這生存繁殖，真是厲害
適應能力。在這幾年內，中、北部也大量發現牠們的蹤跡，對原生物種的影響程
，實在是難以評估！

蝌蚪尾巴長，吻端有白色斑點

剛上岸的小蛙

背部斑點較少的個體

背部有X型條紋的個體

背部有多條紋的個體

大腿內側主要為黑色，上有許多白色斑點

斑腿樹蛙抱接

卵泡呈黃色

諸羅樹蛙

Rhacophorus arvalis Lue, Lai, and Chen, 1995

* 俗別名：雨蛙、咕怪（閩南語）
* 體型大小：體長約為5cm，最大可達8cm
* 食性：以昆蟲等小型無脊椎動物為食
* 稀有評估：侷限分布偶見，保育類等級II（珍貴稀有野生動物）

諸羅樹蛙名稱中的「諸羅」原是嘉義的古名，由於此種青蛙是在嘉義發現的，所以便用「諸羅」來命名。諸羅樹蛙主要分布於雲林到台南之間，其生存環境跟人類的活動息息相關，牠們喜愛竹林、果園等人工環境，早期在雲林、嘉義等地區觀察諸羅時，常可在道路旁的竹林裡發現牠們，而一旁也有不少住家，晚上拿著燈在竹林裡頭尋找時，多半會被附近的民眾誤認是小偷，有時氣氛還會相當緊繃，甚至也會引起警察伯伯來關心，不過在解釋過後大家就知道原來是誤會一場啦！

蝌蚪

剛上岸的小蛙，體色並非為綠色

體色綠色，腹部為白色

覓食中的雌蛙

正在排糞中的雄蛙

諸羅樹蛙抱接

產卵

卵泡呈白色，常產於落葉堆下

橙腹樹蛙

Rhacophorus aurantiventris Lue, Lai and Chen, 1994

* 俗別名：無
* 體型大小：體長約為5cm，最大可達7.5cm
* 食性：以昆蟲等小型無脊椎動物為食
* 稀有評估：侷限分布少見，保育類等級II（珍貴稀有野生動物）

才剛結束在蓮華池的觀察活動，時間也不早了，小黑卻神來一句，「明天來去找紅心芭樂好了」，心想小黑只是說說而已，但是隔天晚上人真的又到山上了！因為第一次來找，對牠以及環境並不熟悉，只能靠著聽音辨位，哪裡有聲音，就往那裡去，即使山坡陡峭也是硬著頭皮上了！尋了好一陣子，聽到不遠的前方有聲音，關燈悄悄接近後，鎖定位置燈光一開，結果兩人的燈都照在同一片葉子上，這情景讓兩人都笑了出來，原來我們這麼有默契阿！靠近一看，腹部有著明顯的橘紅色，就像是剖開的紅心芭樂，正面的模樣更是好笑，像是在說，「來，阿姑親一個」！

蝌蚪

已長後腳的幼態

腹部呈橘紅色

背部為綠色，且常有白色斑點

擅長攀爬，常棲息在高大喬木上

雄蛙鳴叫時鳴囊並不明顯

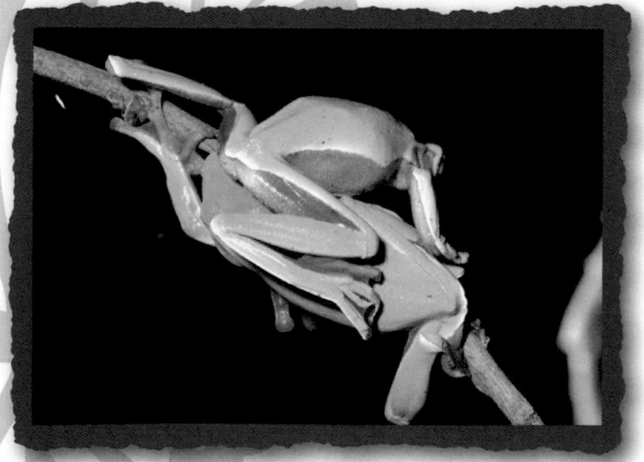

爭鬥中的2隻雄蛙

卵泡呈白色，常產於樹洞中

莫氏樹蛙

Rhacophorus moltrechti Boulenger, 1908

* 俗別名：咕怪（閩南語）
* 體型大小：體長約為5cm，最大可達6cm
* 食性：以昆蟲等小型無脊椎動物為食
* 稀有評估：常見

在剛開始接觸青蛙的民眾，大部分都是較為喜愛綠色系的蛙種，特別是樹蛙，而在台灣的綠色系樹蛙中，就屬莫氏樹蛙是最容易見到的種類，大大的眼睛加上全身綠色的可愛身影，大家看到後都會發出：「哇，好可愛啊！」莫氏樹蛙終年都會繁殖，分布於低海拔到高海拔的山區，鳴叫聲相當特別，有如火雞一般，在森林中聽到後可別誤以為是火雞！

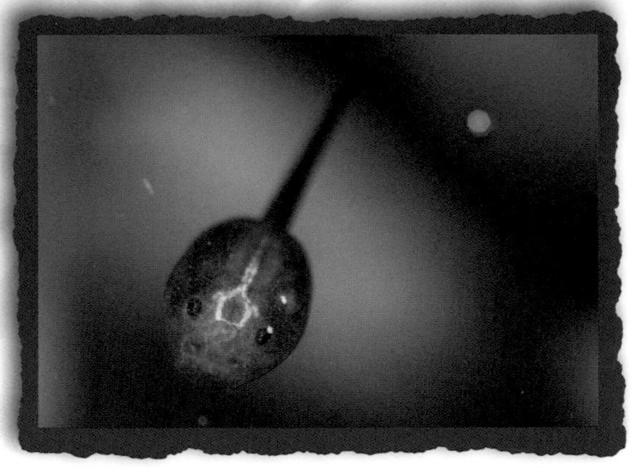

蝌蚪

剛上岸的小蛙，頭明顯較大

體色變為淺綠色的個體

體色變為深綠色的個體

大腿側面紅色，上有黑色斑點

覓食中

產卵時偶有2隻以上雄蛙同時踢卵的畫面

卵泡

翡翠樹蛙

Rhacophorus prasinatus Mou, Risch and Lue, 1983

* 俗別名：無
* 體型大小：體長約為5cm，最大可達8cm
* 食性：以昆蟲等小型無脊椎動物為食
* 稀有評估：偶見，保育類等級III（其他應予保育之野生動物）

「小黑，前面好像有橙腹的叫聲！」此時心裡不免興奮了一下，趕緊往聲音的方向找過去，不過越找越感到疑惑，周遭明明就是人工的環境，這裡怎麼會有，難道是我聽錯了？花了好一番的功夫，終於看到了聲音的主人，原來是翡翠樹蛙啦，第一次聽到牠的叫聲，還真有點類似橙腹！翡翠樹蛙是台灣最大型的綠色樹蛙，目前只分佈在桃園以北以及宜蘭地區，喜歡生活在菜園、果園、竹林等環境，因為有著發亮的金色過眼線，像是戴了一副金邊眼鏡的紳士，所以被戲稱是看起來最紳士的青蛙！

已長後腳的幼態

剛上岸的小蛙，體色常是黃色或黃綠色

成蛙體色多為翠綠色

體側及腹部常有大型的黑色斑點

眼睛前端有黃褐色的吻稜

手臂白色條紋明顯

產卵中的翡翠樹蛙

卵泡常產於樹上

台北樹蛙

Rhacophorus taipeianus Liang and Wang, 1978

* 俗別名：無
* 體型大小：體長約為4cm，最大可達6cm
* 食性：以昆蟲等小型無脊椎動物為食
* 稀有評估：偶見，保育類等級III
  (其他應予保育之野生動物)

在寒風刺骨的冬季，讓人捨不得離開溫暖被窩的夜晚，有一種青蛙正賣力訴説著氣溫的考驗：「冷~~」冬天可以說是賞蛙的淡季，不過台北樹蛙卻是在這個季節才登場，因此要看牠們必須頂著冷颼颼的溫度，真是讓怕冷的人又愛又恨！雖然説冬天到野外看烏龜的機會很大，但總是待在家也頗無聊，就約了大家到蓮華池的斯文豪氏觀察點集合。走沒多久，在前方的山谷傳來了台北樹蛙叫聲，小黑聽到後不管地形危險就直接往下衝，果然找到了不少個體，以及十個以上的卵泡，看來這裡有很穩定的族群，那以後要看台北樹蛙就不用再跑去北部囉！

蝌蚪

體色變為綠色的個體

體色變為褐色的個體

雄蛙腹部多為黃色

雄蛙常會挖洞築巢

常在巢洞內鳴叫

於水管洞內產卵的台北樹蛙

卵泡

特有種 保育類 外來種

海蛙

Fejervarya cancrivora (Gravenhorst, 1829)

* 俗別名：海陸蛙、食蟹蛙、紅樹林蛙
* 體型大小：體長約為6cm，最大可達9cm
* 食性：以昆蟲、蚯蚓等小型無脊椎動物為食、也會捕食體型較小的蛙類。
* 稀有評估：偏限分布

提到海蛙，就不得不說說令人難忘的「故鄉味」。在剛開始尋找海蛙的蹤跡時，偶然間聽到從蓮霧園中傳出陣陣的羊咩咩叫聲，在寧靜的夜晚顯得格外獨特，此時心中不禁偷笑了兩聲，讓我找到了吧！穿好裝備帶著相機進入蓮霧園，空氣中瀰漫著一股濃烈的氣味，感覺是那樣的熟悉，但一時間卻想不起來，此時小黑開口了，「這不是以前小時候家旁邊豬寮的味道嗎？」難怪啊，就說怎麼有種熟悉感，果然是故鄉的味！不過，整晚都泡在這種氛圍下，也把故鄉的味道帶上了車，同時也帶著滿足的心情回家囉！

海蛙蝌蚪，此為白化個體

幼蛙兩眼間的白點明顯

與澤蛙十分相似，不容易分辨

體背綠色斑紋較多的個體

背中線偏翠綠色的個體

背中線偏黃褐色的個體

成蛙兩眼間的白點較幼蛙不明顯

海蛙抱接

特有種 保育類 外來種

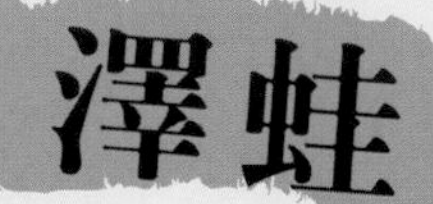

Fejervarya multistriata (Hallowell, 1861)

* 俗別名：田蛙、多紋陸蛙
* 體型大小：體長約為4cm，最大可達6cm
* 食性：以昆蟲、蚯蚓等小型無脊椎動物為食、也會捕食體型較小的蛙類。
* 稀有評估：常見

澤蛙是平地農田非常普遍的蛙種，所以看到時往往會直接忽略，幾乎很少把相拿起來拍個照，因此硬碟裡的澤蛙照片就不太多了(汗)。有次與小黑拍完「紅心樂」，正在回家的途中，因消耗太多體力而覺得有點疲累，所以想在路邊找個地休息，才一打開車窗，路邊水溝內的澤蛙叫聲此起彼落，雖然有點精神不濟，但是耐不住好奇的心，便下車尋找，看到的數量不少，而且還有好幾對抱接，搞不有機會記錄到澤蛙下蛋！就這樣我們從凌晨2點等到早上7點，終於拍到了澤蛙下的畫面，相機收工後，就在澤蛙叫聲的陪伴中吃著愉快的早餐(說好的睡覺呢？)

蝌蚪

剛上岸還帶尾巴的幼蛙

幼蛙

體背綠色斑紋較多的個體

具背中線的個體

覓食中的澤蛙

澤蛙抱接

產卵時間通常接近天亮

虎皮蛙

Hoplobatrachus rugulosus **(Wiegmann, 1834)**

* 俗別名：虎紋蛙、田雞、中國虎皮蛙
* 體型大小：體長約為6cm，最大可達12cm
* 食性：以昆蟲、蚯蚓等小型無脊椎動物為食、也會捕食體型較小的蛙類。
* 稀有評估：偶見

虎皮蛙的體型雖然很大，但卻是出了名的膽小，常常只要聽到腳步聲或是燈光一照，馬上就會逃走或是躲起來，所以要拍到好的照片真的是有難度，更別說是吹泡泡的了！有天晚上，小黑很興奮的打電話來，說拍到虎皮蛙吹泡泡了，在電話裡描述了神奇的過程，心想怎麼會有這麼好的事，所以還是覺得他在吹牛，所謂沒圖沒真相。隔天，看到小黑把圖貼在網路上後，才發現他講的是真的，不是他在做夢阿！

蝌蚪尾長幾乎是身體的兩倍

剛上岸的幼蛙

體背稍帶綠色的個體

體色褐色的個體

白化個體

兩眼間具有白點

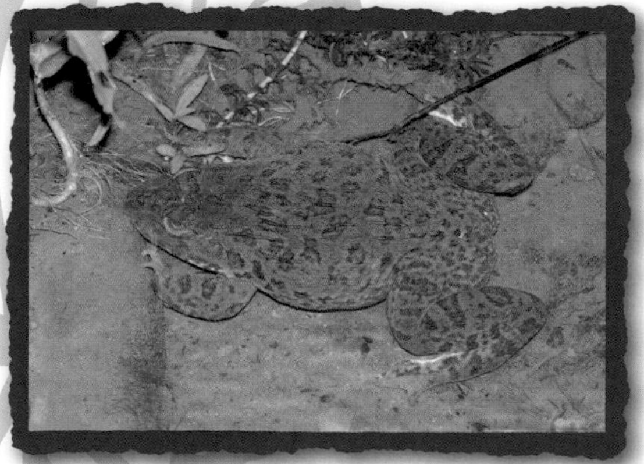

體型大但生性羞澀

虎皮蛙的抱接並不容易見到

特有種 保育類 外來種

腹斑蛙

Babina adenopleura (Boulenger, 1909)

* 俗別名：彈琴蛙
* 體型大小：體長約為5cm，最大可達7cm
* 食性：以昆蟲、蚯蚓等小型無脊椎動物為食。
* 稀有評估：常見

「給、給、給」響亮的叫聲從水邊傳來，這腹斑蛙的叫聲辨識度相當高，聽過一次後應該就很容易記起來，也是可以朗朗上口的聲音！到了繁殖季節，同個水域環境若是有幾隻腹斑蛙，那一定就不無聊了，右邊的個體鳴叫一結束，左邊馬上就不甘示弱的回嗆，一旦靠得太近還會上演摔角秀，勝利者可以鞏固地盤，輸的只好摸摸鼻子離開。因此，要觀察腹斑蛙吹泡泡並不難，可以說是拍青蛙泡泡的最佳麻豆！

蝌蚪體型大

準備上岸的小蛙

背側褶明顯

背部中間有一條明顯背中線

少見不是在水中鳴叫的個體

腹斑蛙一般都在水中鳴叫

腹斑蛙抱接

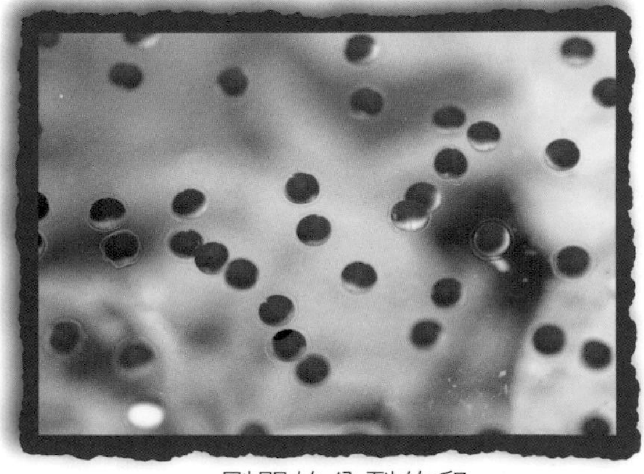

剛開始分裂的卵

特有種 保育類 外來種

豎琴蛙

Babina okinavana (Boettger, 1895)

* 俗別名：琉球赤蛙
* 體型大小：體長約為4cm，最大可達5cm
* 食性：以小型昆蟲為食。
* 稀有評估：稀有少見，保育類等級II（珍貴稀有動物）

「廖哥等等，這叫聲不是…？」這處陌生的環境，一條流動緩慢的小溪流，傳出熟悉的豎琴蛙鳴叫聲，呆立了幾秒後，趕緊找路往下切至河谷，眼前的景色，果然豎琴蛙喜愛的棲地環境，此起彼落的叫聲，比在蓮華池聽到的還要壯觀，數量多了多，一個小範圍內隨便找就發現幾十個土窩，幾乎每個土窩內都有卵或蝌蚪，看來裡應該是目前數量最多的棲地，這實在是令人相當振奮，蹲著發呆被大量豎琴蛙叫包圍的感覺真是非常的舒服！

蝌蚪身體有許多金黃色斑點

準備上岸的帶尾小蛙

背側褶明顯及背中線明顯的個體

背中線不規則的個體

雌蛙

雄蛙有挖洞築巢的習性，常會躲藏在泥土裡

與腹斑蛙十分相似，但體型差異大，圖右為腹斑蛙

卵都是產在泥洞內

Lithobates catesbeianus (Shaw, 1802)

* 俗別名：牛蛙
* 體型大小：體長約為10cm，最大可達20cm
* 食性：以昆蟲、蚯蚓等小型無脊椎動物為食。
* 稀有評估：少見

美洲牛蛙是目前台灣的蛙類中，體型最大的赤蛙，但卻是外來的物種。體色主要為綠色或褐綠色，身體上有許多深色斑點，食量大，會捕食體型比牠小的動物，因此對台灣本土的生態有相當的衝擊。原產地為美國，後來因食用的關係而引進台灣，然而，從養殖場逃逸的個體以及放生等因素，造成某些地方已經有一定的族群了。記得第一次在野外遇到時，還真的是被牠的體型給嚇一跳，不愧是蛙類中的巨無霸。

小蛙體型約3公分

成蛙體型最大可達20公分

體色較淺的個體

體色為黃綠色的個體

體色較黑的個體

背部明顯有深色斑點

張嘴中的美洲牛蛙

雄蛙的耳膜較雌蛙大（後兩隻）

特有種 保育類 外來種

貢德氏赤蛙

Hylarana guentheri (Boulenger, 1882)

* 俗別名：沼蛙、石蛙
* 體型大小：體長約為8cm，最大可達12cm
* 食性：以昆蟲、蚯蚓等小型無脊椎動物為食。
* 稀有評估：常見

小黑：「志明快拉我，我快撐不住了！」轉頭一看，小黑頭下腳上的掛在水池邊，右手拿著相機，左手拉著牆，雙腳顫抖著撐住身體，緩慢的往水池滑下去，雖然說小黑在求救了，但是看到這樣的囧樣實在是好笑！不過這麼大費周章是為了啥？一看到小黑相機裡貢德氏赤蛙吹泡泡的照片，就知道這一切都值得了。貢德氏赤蛙雖然屬於大型蛙類，可是卻非常膽小，要拍到吹泡泡的畫面並不容易。由於叫聲與狗相似，所以有「狗蛙」之稱，過去還曾發生「狗蛙」在下水道裡鳴叫，民眾以為是有狗被困在裡面而報警的趣事呢！

蝌蚪尾巴為黑色

上岸的小蛙已有明顯背側褶

體色較淺的個體

體色較深的個體

腹部黑斑明顯的個體

背側褶明顯，具雙鳴囊

貢德氏赤蛙的抱接並不容易見到

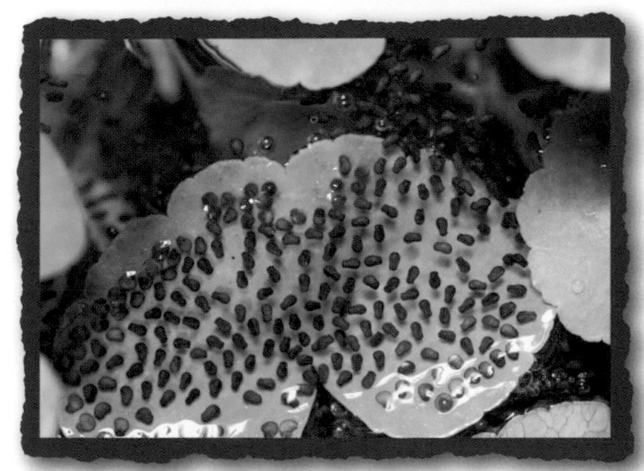

卵常是成群飄浮在水面上

特有種 保育類 外來種

拉都希氏赤蛙

Hylarana latouchii (Boulenger, 1899)

* 俗別名：闊褶蛙
* 體型大小：體長約為5cm，最大可達6cm
* 食性：以昆蟲、蚯蚓等小型無脊椎動物為食。
* 稀有評估：常見

拉都希氏赤蛙 對於對青蛙有興趣的初學者來說，要認識所有蛙類，首先就必須先記住牠們的名字，不過想要記得住拉都希氏赤蛙的名字，還真的是一件不容易的事，還好有人發明了聯想詞句，像「西瓜哥哥」及「拉肚子吃西瓜」等，讓大家更容易記住牠，保證讓你想忘記牠都很難呢！「什麼！牠叫拉肚子吃西瓜？」是的，這是一種很好的記法喔！「拉肚子吃西瓜」唸起來是不是跟「拉都希氏赤蛙」音很像呢！

蝌蚪尾巴具有黑色斑紋

剛上岸的小蛙

雄蛙手臂顯得粗大

背側褶明顯

抱接時雄蛙前腳緊緊扣住雌蛙

拉都希氏赤蛙抱接

產卵

剛產下的卵

斯文豪氏赤蛙

Odorrana swinhoana (Boulenger, 1903)

* 俗別名：鳥蛙、棕背臭蛙、斯文豪氏臭蛙
* 體型大小：體長約為8cm，最大可達10cm
* 食性：以昆蟲、蚯蚓等小型無脊椎動物為食。
* 稀有評估：常見

「啾～」咦，這是什麼鳥在叫？聲音聽起來似乎是從溪谷那邊傳來的，不過用望遠鏡找了好一陣子，始終看不到鳥的蹤影，明明就是在前方的區塊阿，怎麼會找不到，難不成是會隱形嗎？相信不少剛開始賞鳥的朋友應該會有這樣的經驗，常常被這種叫聲打敗，不過發出那樣叫聲的不是鳥，而是俗稱「鳥蛙」的斯文豪氏赤蛙！斯文豪氏赤蛙個體的顏色變化多端，背部的綠色分布有很大的差異，北部甚至有呈現藍色調的族群，像是被人噴上去一般，相當的特別。

蝌蚪並不容易發現，尾巴較長

準備上岸的小蛙

背部綠色斑紋較多的小蛙

體色多變

少數個體背部呈藍色

捕食蚯蚓

斯文豪氏赤蛙的抱接並不容易見到

卵白色，比其他種類還大

金線蛙

Pelophylax fukienensis **(Pope, 1929)**

* 俗別名：福建側褶蛙、青葉仔（閩南語）
* 體型大小：體長約為8cm，最大可達9cm
* 食性：以昆蟲、蚯蚓等小型無脊椎動物為食
* 稀有評估：少見，保育類等級III（其他應予保育之野生動物）

當hoher拍攝到金線蛙吹泡泡的畫面時，小黑一聽到就整個很不甘心，三不五就去找金線蛙搏感情，不過哪有這麼容易的！金線蛙非常膽小，只要一有風吹草，或只是燈光掃過去而已，牠們就像看到鬼一樣的拔腿就跑，要好好的看牠們就經不容易了，更何況是觀察牠的鳴叫！不過幾年後，還真的讓小黑拍到吹泡泡了而且還是無遮蔽的版本，hoher只好認輸了，小黑阿伯，這次就讓你好了！

蝌蚪常活動於植物體中

剛上岸的小蛙，背中線明顯

體色為綠色的小蛙

成蛙的背側褶明顯

背中線為綠色的個體

背部黑色斑紋明顯的個體

體色較淺的個體

脫皮中的個體

特有種 保育類 外來種

長腳赤蛙

Rana longicrus Stejneger, 1898

* 俗別名：長肢林蛙
* 體型大小：體長約為5cm，最大可達6cm
* 食性：以昆蟲、蚯蚓等小型無脊椎動物為食。
* 稀有評估：台灣中北部偶見

長腳赤蛙主要分布在新竹以北的區域，還記得好幾年前為了要看牠，四處打聽離中部比較近的地方，終於透過友人得知在新竹北埔的一處農場有不少長腳出沒於是我們一群人便浩浩蕩蕩的從台中出發前往探訪。咦！怎麼到處都沒看到呢？已經花了一個多小時就是找不到，後來才發現，我們來的季節太早了，這時候還是牠們的繁殖季，要再冷一些的冬天才是，不過還好小黑還是有發現牠的蹤跡，然就要帶一隻大烏龜回家了！

蝌蚪尾巴細長

剛上岸的小蛙，有明顯背側褶

體色偏黃褐色的個體

體色偏褐色的個體

眼睛後方有黑褐色菱形斑

長腳赤蛙抱接

產卵

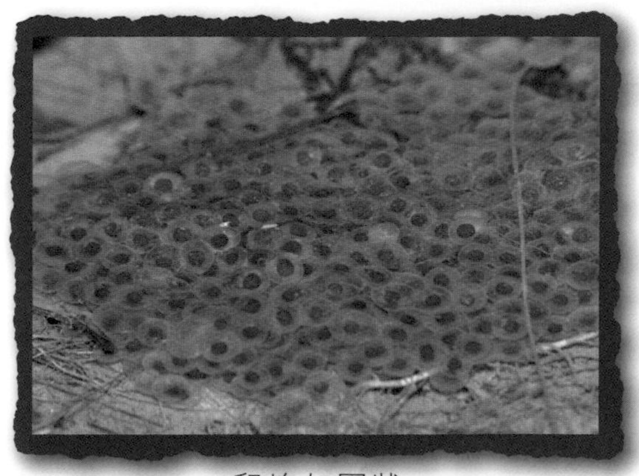

卵塊如團狀

特有種 保育類 外來種

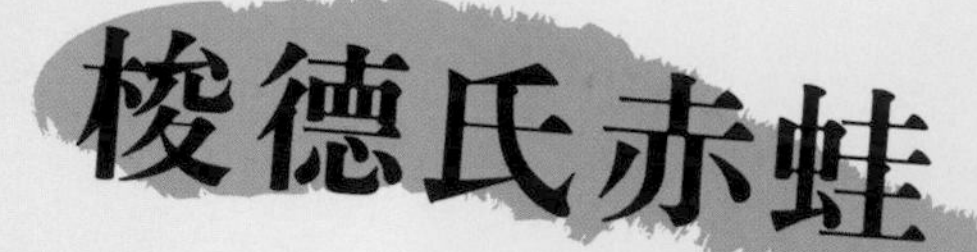

Rana sauteri Boulenger, 1909

* 俗別名：石幹仔（閩南語）
* 體型大小：體長約為5cm，最大可達6cm
* 食性：以昆蟲、蚯蚓等小型無脊椎動物為食。
* 稀有評估：常見

每年的10、11月一到，山區的溪流正上演梭德氏赤蛙的年度大事，只要挑對時間，燈光可及之處，放眼望去在溪流中的每顆石頭上都會站著一隻雄蛙，數量之龐大絕對超乎你的想像，甚至溪流旁的地面、馬路都會被占據，而這季節一過，牠們就突然好像神隱一般，全部都不見了，得等到隔年同樣的時間才有機會再看到牠們的身影！如果在這季節的夜晚前往山區，記得開車要放慢速度，不然一個不小心，牠們可能就變成車下亡蛙了。

蝌蚪常出現於清澈的小溪中

低海拔的個體

海拔高度超過3, 000公尺以上的個體

脫皮中的個體

捕食蚯蚓

梭德氏赤蛙抱接

產卵

卵塊如團狀，顏色較黑

Chapter 5
沒有結果的愛情

常會有人說，
愛情是很盲目的，
這句話除了用在人身上，
套用在青蛙上其實也很適合！
常在野外觀察便不難發現，
怎麼會有不同種青蛙或同種但都是雄蛙抱在一起，
這樣的愛情會有結果嗎？
答案當然是不會，
當雄蛙抱錯對象時稱之為「錯抱」，
其誤抱的對象組合更是千奇百怪，也非常有趣，
雄蛙除了抱錯非同種之雄、雌蛙外，
過去也曾經有錯抱魚類、石頭、泥塊、植物果實及垃圾的記錄。
為什麼會錯抱呢？
因為青蛙眼睛的構造與其它動物不同，
牠只能看見物體的大略身影，無法看見其清晰樣貌，
所以在賞蛙人士中就流傳著青蛙的三項生活原則，
體型比牠小的就「吃」，
體型跟牠差不多或大一點的就「抱」，
體型比牠大很多的就「趕快逃」，
加上許多青蛙的繁殖時間、地點皆有重疊，
因此才會出現那麼多有趣的畫面。

青蛙錯抱的現象時常會出現，有些是同種的雄蛙抱雄蛙，或是兩種不同的雄蛙，但是卻抱在一起，這些有趣的畫面如下：

拉都希氏赤蛙錯抱盤古蟾蜍

梭德氏赤蛙錯抱日本樹蛙

梭德氏赤蛙錯抱拉都希氏赤蛙

日本樹蛙錯抱盤古蟾蜍幼蛙

日本樹蛙錯抱黑蒙西氏小雨蛙

日本樹蛙錯抱史丹吉氏小雨蛙

拉都希氏赤蛙錯抱莫氏樹蛙

澤蛙錯抱花狹口蛙

史丹吉氏小雨蛙錯抱小雨蛙

日本樹蛙錯抱小雨蛙

梭德氏赤蛙錯抱斯文豪氏赤蛙

兩隻拉都希氏赤蛙錯抱澤蛙

拉都希氏赤蛙錯抱莫氏樹蛙

褐樹蛙錯抱梭德氏赤蛙

中國樹蟾錯抱莫氏樹蛙

梭德氏赤蛙錯抱盤古蟾蜍

Chapter 6
食物

青蛙的食物相當多樣，食量也非常大，
常可一餐吃下跟自己差不多體積的食物，
只要是比嘴巴還小、會動的動物，牠們都會吃，
如螞蟻、蚊子、果蠅、蝴蝶、小甲蟲、蚯蚓、小魚、蝌蚪，
甚至是同類。

此外，牠們也會吃掉自己身上的舊皮。
當青蛙脫皮時，
通常會把自己身上脫落的皮吞下肚，
不過同屬兩棲類的山椒魚並無這樣的行為，
山椒魚雖然在成長的過程中也會像蛙類一樣不斷的脫皮，
但並不會吃掉自己的皮，
牠們主要以鼠婦、蚯蚓等小型無脊椎動物為食。

青蛙與山椒魚覓食

只要是比牠們小、會動的，幾乎都是牠們的食物。

澤蛙捕食螽斯。

日本樹蛙捕食蜘蛛。

蚯蚓是許多兩棲類喜愛的食物，圖為正在吞蚯蚓的黑眶蟾蜍。

雨季時，婚飛的白蟻也是蛙類的食物。

拉都希氏赤蛙捕食蚯蚓。

澤蛙捕食蝌蚪。

梭德氏赤蛙捕食蚯蚓。

阿里山山椒魚捕食鼠婦。

台灣山椒魚捕食蚯蚓。

兩棲類的青蛙、山椒魚都會脫皮嗎？

由於兩棲類的皮膚具有角質層，當牠們在陸地上待較長的時間後，為了保持皮膚的健康，角質層會不斷的更新，從幼體變態後終其一生都會不斷的在脫皮。以蛙類來說，會利用嘴巴拉扯的方式將脫下來的舊皮直接吃下，而山椒魚則靠爬行磨擦的方式將其舊皮去除，過程中並不會吃下自己脫落的舊皮。

脫皮中的台灣山椒魚。

脫皮中的阿里山山椒魚。

山椒魚的脫皮是用磨擦的方式將舊皮脫下，與青蛙用嘴巴拉扯的方式明顯不同。

盤古蟾蜍脫皮過程：

開始準備脫皮。

靜止不動，後腳趾會往上翹。

將後腳的皮送入口中。

用嘴巴拉扯。

拉下前腳的皮。

持續用嘴巴拉扯。

利用眨眼動作幫助吞食。

再吞下僅剩的皮就完成了。

1 2 1

Chapter 7
天敵

一提到兩棲類的天敵，
大家馬上就會聯想到蛇，
在自然界中，
除了蛇以外，
兩棲類的天敵是非常的多，
從產下的卵一直到成體階段，
都會有許多不同類型的動物以牠們為食，
例如：天上飛的大冠鷲、白鷺鷥、伯勞鳥；
地上爬的白鼻心、黃鼠狼、鼩鼱；
水裡游的魚、螃蟹、紅娘華、龍蝨；
甚至是兩棲類自己本身。
但在這難以計數的天敵中，
其實人類才是牠們最大的殺手，
人類製造出來的環境污染及棲息地的破壞，
絕對是比吃牠們的天敵還來得可怕！

兩棲類的天敵

紅斑蛇是最常見的天敵之一，牠會主動尋找獵物，圖為莫氏樹蛙被紅斑蛇捕食。

赤尾青竹絲覓食策略為「坐等型」，蛙類一經過立刻成為牠的食物，圖為赤尾青竹絲吞食莫氏樹蛙。

紅娘華也常會捕捉蛙類，圖為台北樹蛙被紅娘華捕食。

拉氏清溪蟹的性情兇猛，
圖為正在捕食梭德氏赤蛙。

來不及長大的胚胎被自己同類捕食，
圖為中國樹蟾蝌蚪正在啃食胚胎。

蜘蛛也會捕捉蛙類為食，圖為三角鬼蛛捕食面天樹蛙。

赤尾青竹絲捕食梭德氏赤蛙過程

當梭德氏赤蛙遇到赤尾青竹絲，下場多半都不是很好，一但被有毒的赤尾青竹絲攻擊，在注入毒液後，就難逃死神的降臨！

發現食物後準備發動攻擊。

咬住並馬上注入毒液。

獵物不動之後準備吞食。

蛇類多半會從獵物的頭部開始吞下。

吞食中。

過程中會利用毒牙幫助將
獵物往肚子吞。

吞食過程僅有短短的數分鐘。

將蛙腳吞下後結束。

Chapter 8

棲地

位居亞熱帶與熱帶北緣地區的台灣，
四面環海，島嶼面積不大，
因具有高溫、多濕的氣候特性，
與不同海拔高度的山脈，
因此孕育出許多不同風貌的林相，
如針葉林、闊葉林等，
不同的植被分布與氣候，
也造就了許多適應環境，
而生存在其間的動物。
在台灣，從超過海拔3000公尺的高山到平地、海岸等環境，
都可以發現兩棲類動物的蹤跡，
有些種類廣泛分布於全島，
有些則侷限分布在某些區域，
要認識牠們之前，
得先知道牠們會在什麼環境中出現、活動！

蛙類棲地

一、靜水域環境：台灣的兩棲類動物多半都棲息於靜水域環境，包括湖泊、池塘、沼澤等永久性水域，水田、水溝等積水處，以及低窪處等暫時性水域等。

常出現的蛙種有：盤古蟾蜍、黑眶蟾蜍、小雨蛙、黑蒙西氏小雨蛙、台北赤蛙、豎琴蛙、腹斑蛙、拉都希氏赤蛙、長腳赤蛙、金線蛙、貢德氏赤蛙、澤蛙、虎皮蛙、美洲牛蛙等。

A.荷花田裡的荷葉及岸邊的泥巴環境，是蛙類喜愛的棲地。

B.池塘周邊的植物，是赤蛙主要的躲藏地點，尤其在夏季下過雨的夜晚，經常會有成群的雄蛙一起出現，停棲在遮蔽良好的草叢或水面上鳴叫。

水田中常見的澤蛙。

棲息於菱角田中的虎皮蛙。

南部菱角田中的台北赤蛙。

中部地區某些筊白筍田常可見到金線蛙。

池塘裡常見的貢德氏赤蛙。

野外的池塘偶爾可發現牛蛙。

棲息於池塘中的腹斑蛙。

喜好暫時性水域的史丹吉氏小雨蛙。

二、流動水域環境：包括了河川、溪流、溝渠等，因為水會流動，所以涵氧量較多，常出現的蛙種有：盤古蟾蜍、日本樹蛙、褐樹蛙、拉都希氏赤蛙、梭德氏赤蛙、斯文豪氏赤蛙、長腳赤蛙、福建大頭蛙(古氏赤蛙)等。

A.水深較淺的溪流，是很多青蛙喜愛的棲息地，在夜晚常可聽到許多青蛙鳴叫，盤古蟾蜍、日本樹蛙、褐樹蛙、拉都希氏赤蛙、梭德氏赤蛙都是這裡的常客。

B.每年冬季，常會見到長腳赤蛙大量聚集於灌溉用的溝渠、池塘等積水處繁殖。

福建大頭蛙特別喜歡淺水的環境，尤其是山溝的積水處，並經常躲藏於落葉下。

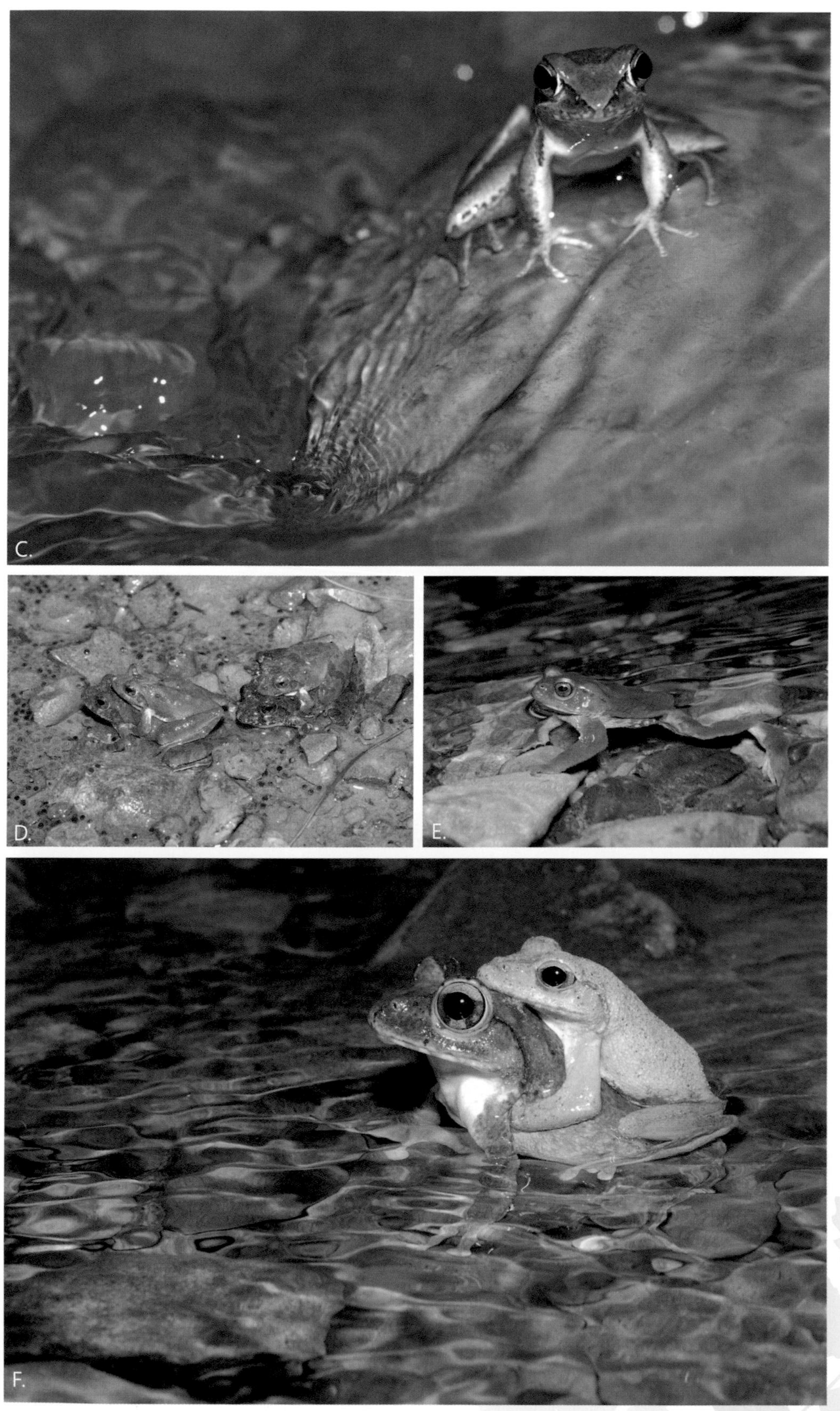

C.每年秋季會大量出現在溪流環境的梭德氏赤蛙。

D.日本樹蛙喜好溪流邊水深較淺的區域。

E.低至高海拔溪流中常見的盤古蟾蜍。

F.棲息於溪流中的褐樹蛙。

四、開墾地環境：指人為開發過的環境，如竹林、果園、菜園、住宅之花園、步道等，常出現的蛙種有：盤古蟾蜍、黑眶蟾蜍、花狹口蛙、腹斑蛙、面天樹蛙、布氏樹蛙、莫氏樹蛙、台北樹蛙、諸羅樹蛙、翡翠樹蛙、艾氏樹蛙、中國樹蟾等。

A.果園、茶園內的蓄水池，是許多蛙類聚集之處，常可在裡頭看到布氏樹蛙、莫氏樹蛙的卵泡。

B.在果園蓄水池周圍的環境，可見到莫氏樹蛙棲息於果樹的葉面上。

C.廢棄的水桶內也可發現蛙類，圖中的小朋友發現一隻莫氏樹蛙。

D.菜園、果園內小型的蓄水桶，也可發現許多蛙類，例如：中國樹蟾及翡翠樹蛙，圖中的攝影者正在記錄中國樹蟾蝌蚪。

E.翡翠樹蛙常會利用菜園、果園內的小型蓄水桶產卵。
F.艾氏樹蛙常利用積水的竹洞棲息、躲藏、繁殖。
G.中國樹蟾是果園裡最常見的蛙種之一。
H.花狹口蛙是外來入侵種，在野外已經有相當大的族群，在南部一些開墾地環境有機會發現牠們。

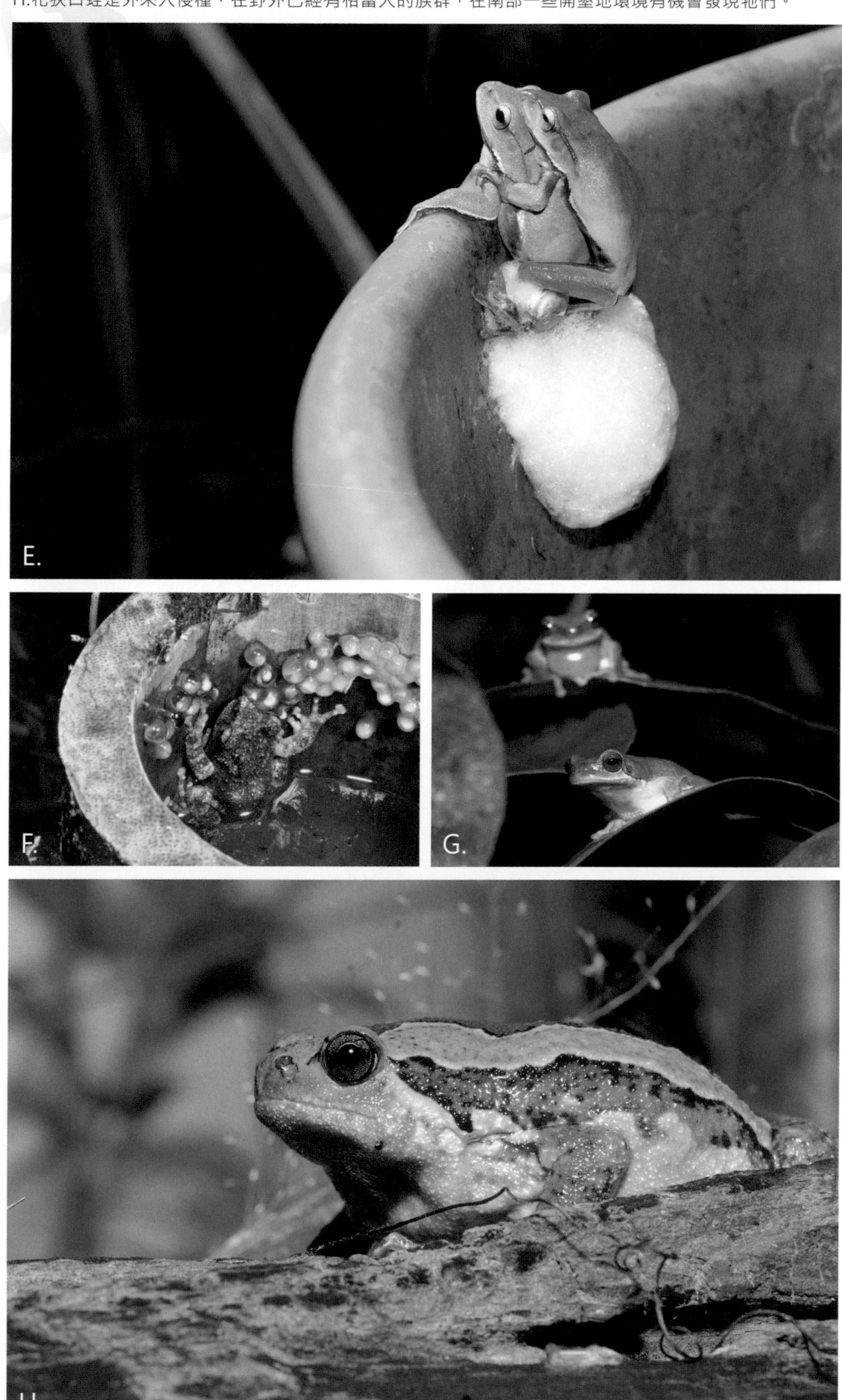

五、森林環境：台灣雨量豐沛，森林茂密，山區夜晚經常可聽見不同蛙類之鳴聲，有些種類會利用積水的樹洞、低窪處暫時形成的小水窪產卵繁殖，常出現的蛙種有：盤古蟾蜍、斯文豪氏赤蛙、梭德氏赤蛙、橙腹樹蛙、翡翠樹蛙、布氏樹蛙、莫氏樹蛙、艾氏樹蛙等。

A.山區茂密的灌叢及樹林裡，常有許多樹蛙棲息。

B.艾氏樹蛙是森林裡最為常見的蛙種之一。

C.在森林裡發現了翡翠樹蛙，趕緊拿起相機記錄。

D. 溪流附近的落葉底層環境，偶爾會發現梭德氏赤蛙。

E. 橙腹樹蛙是台灣唯一生存在森林中的蛙種。

F. 斯文豪氏赤蛙也是森林裡容易發現的蛙種。

G. 翡翠樹蛙只有在北部山區才有機會發現。

山椒魚棲地

山椒魚大多生活在中、高海拔陰暗潮濕的環境，如原始針葉、闊葉林的底層，常用石塊作為其遮蔽物，躲藏於靠近山溪的石塊下，通常在溪流兩側的石頭或泥土上出沒，其棲地環境常有樹林、箭竹林、落石堆等。

A.山椒魚大多生活於山區靠近水源的石塊下。

B.觀霧山椒魚是海拔分佈最低的山椒魚，多在潮濕的環境活動。

C.箭竹林是楚南氏山椒魚的主要棲地之一。

A.

B.

C.

D. 阿里山山椒魚是較容易遇到的山椒魚，常活動於森林裡。
E. 台灣山椒魚棲息於森林底層鄰近水源處或山澗之間。
F. 楚南氏山椒魚分佈的海拔較高，主要活動於潮濕的森林底層。
G.台灣山椒魚的排遺。

盤古蟾蜍與黑眶蟾蜍之辨識特徵：

1.盤古蟾蜍

鼓膜不明顯，無黑色骨質稜脊。

2.黑眶蟾蜍

鼓膜明顯，眼睛周圍到吻端有黑色骨質稜脊。

海蛙與澤蛙之辨識特徵：

3.海蛙

體型較大，後肢接近全蹼，吻稜線明顯。

4.澤蛙

體型較小，後肢為半蹼，吻稜線不明顯。

澤蛙與虎皮蛙之辨識特徵：

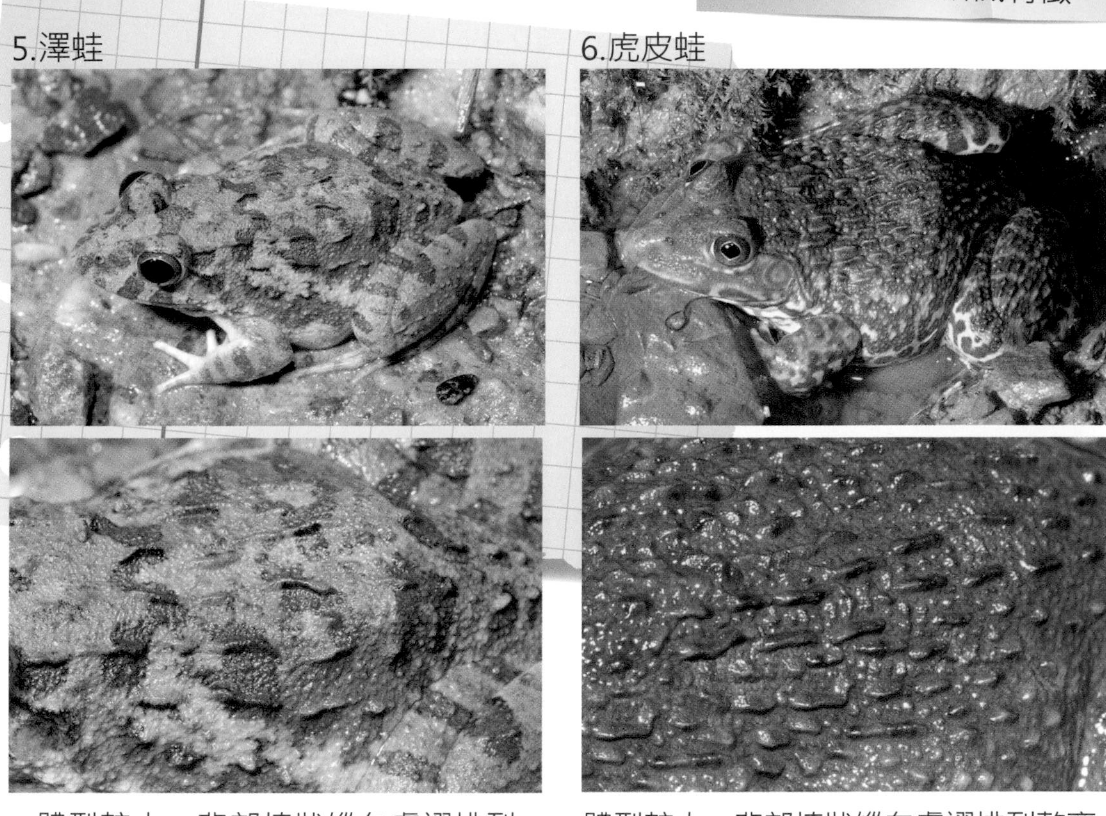

5.澤蛙

體型較小，背部棒狀縱向膚褶排列較不整齊。

6.虎皮蛙

體型較大，背部棒狀縱向膚褶排列整齊。

虎皮蛙與福建大頭蛙之辨識特徵：

7.虎皮蛙

體型較大，背部有棒狀縱向膚褶。

8.福建大頭蛙(古氏赤蛙)

體型小，背部短棒狀之突起接近圓形。

貢德氏赤蛙與腹斑蛙之辨識特徵：

17.貢德氏赤蛙

體型較大，無背中線，鼓膜外圍白色。

18.腹斑蛙

體型較小，有背中線。

腹斑蛙與拉都希氏赤蛙之辨識特徵：

19.腹斑蛙

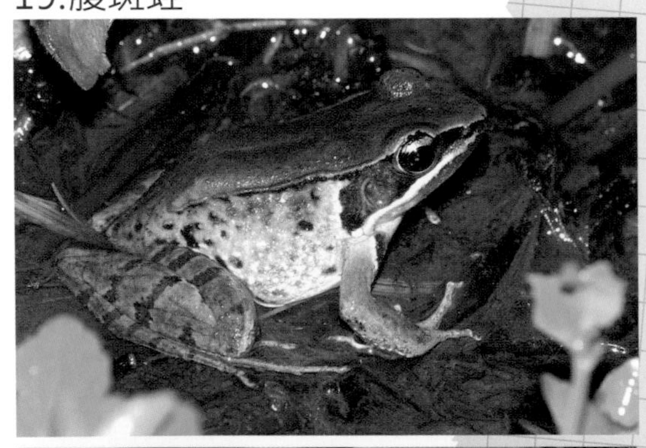

體態較肥胖，背側褶較細。

20.拉都希氏赤蛙

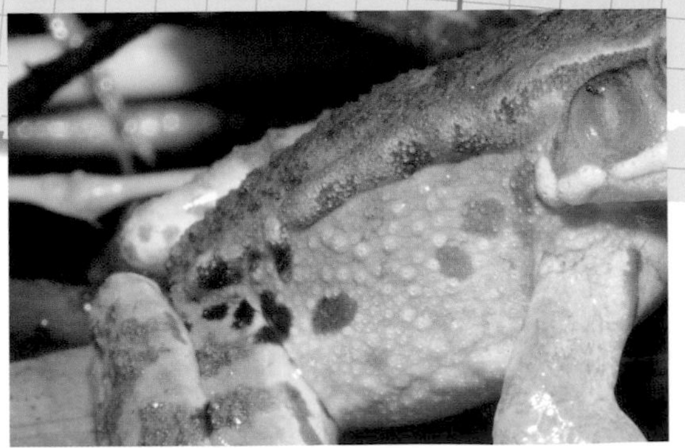

背側褶明顯粗大。

美洲牛蛙與金線蛙之辨識特徵：

21.美洲牛蛙

體型較大，除深色斑紋外，無背側褶。

22.金線蛙

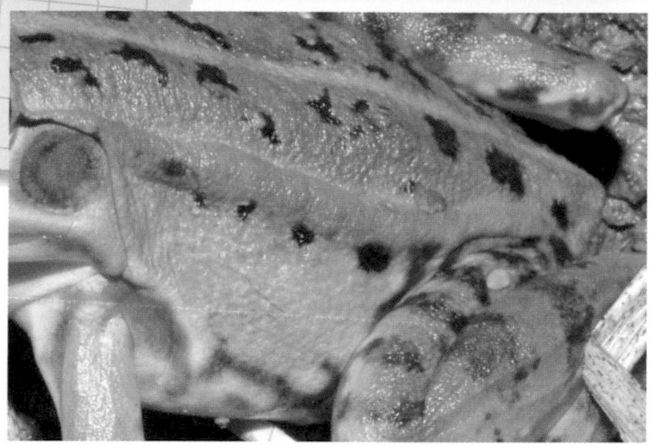

體型較小，具背側褶。

斯文豪氏赤蛙與貢德氏赤蛙之辨識特徵：

23.斯文豪氏赤蛙

背側褶斷斷續續較不明顯。

24.貢德氏赤蛙

背側褶較明顯，鼓膜外圍呈白色。

斑腿樹蛙與褐樹蛙之辨識特徵：

33.斑腿樹蛙

上唇邊緣為白色。

34.褐樹蛙

上唇近膚色，常夾帶雜斑。

褐樹蛙與面天樹蛙之辨識特徵：

35.褐樹蛙

體型較大，背部疣粒較細。

36.面天樹蛙

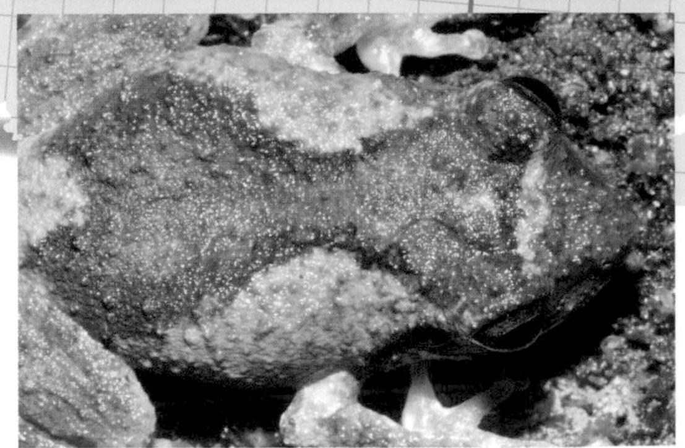

體型較小，背部多有X形花紋，疣粒較粗。

面天樹蛙與艾氏樹蛙之辨識特徵：

37.面天樹蛙

體色不帶有綠色。

38.艾氏樹蛙

除褐色外，體色多含有綠色。

布氏樹蛙與斑腿樹蛙之辨識特徵：

39.布氏樹蛙

大腿內側為黑色的網紋。

40.斑腿樹蛙

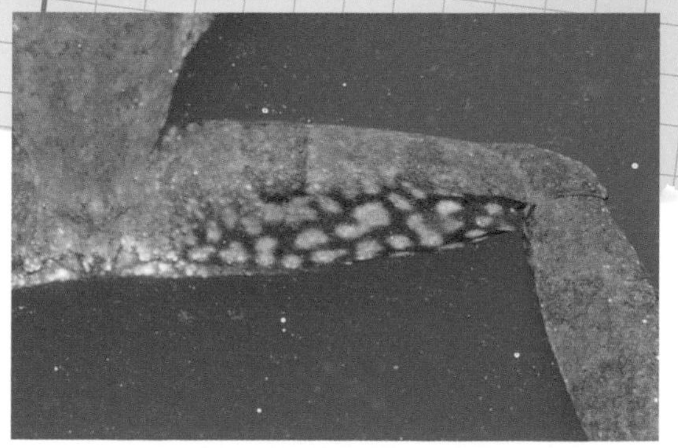

大腿內側為白色雜斑。

諸羅樹蛙與中國樹蟾之辨識特徵：

41.諸羅樹蛙

體側有一白線延伸至吻端。

42.中國樹蟾

體型較小，頭部有一條深色過眼帶。

橙腹樹蛙與莫氏樹蛙之辨識特徵：

43.橙腹樹蛙

腹面為橘紅色或紅色，無黑色斑。

44.莫氏樹蛙

後腿股部鮮紅，
腹部及後腿有明顯的黑色斑紋。

莫氏樹蛙與翡翠樹蛙之辨識特徵：

45.莫氏樹蛙

眼睛虹膜紅色，顳褶與體色相近。

46.翡翠樹蛙

有明顯的金色吻稜。

台北樹蛙與莫氏樹蛙之辨識特徵：

47.台北樹蛙

後腿股部鮮黃，有少許黑色斑紋。

48.莫氏樹蛙

後腿股部鮮紅，有明顯黑色斑紋。

山椒魚種類之辨識

1.阿里山山椒魚

體長約為8 ~ 10cm，分布於中央山脈南段、玉山山脈、阿里山山脈等，體色為褐色及紅褐色，除少數個體具白色斑外，常見個體不具任何斑點。前趾為四趾，後趾通常為完整的五趾。

2.台灣山椒魚

體長約為7 ~ 9cm，分布於中央山脈中、北段及雪山山脈南段等，體色為紅褐色，常見個體體表散佈不規則斑點，前、後趾皆為四趾。

3.觀霧山椒魚

體長約為8 ~ 10cm，分布於雪山山脈西北部等，體色為黑褐色，常見個體體表散佈白色斑點，前後趾皆為四趾。

4.南湖山椒魚

體長約為10 ~ 14.5cm，分布於中央山脈北段及雪山山脈等，體色為褐色，常見個體體表散佈黑褐色斑點。前趾為四趾，後趾為五趾，但第五趾略為萎縮。

5.楚南氏山椒魚

體長約為9 ~ 12cm，分布於中央山脈中北段等，體色為褐色，常見個體體表散佈塊狀白色斑點。前趾為四趾，後趾為五趾，但第五趾略為萎縮。

山溪間常見的斯文豪氏赤蛙，體色也有不同的變化，特別是背上綠色斑塊分布的不同。

斯文豪氏赤蛙體色多樣，差異極大：

體色變為褐色，背部帶有少數綠斑的個體。

體色變為褐色，背部全綠的個體。

體色變為深褐色，背部有較多綠斑的個體。

體色變為淺褐色的個體。

體色變為黃褐色，背部深褐色帶有綠斑的個體。

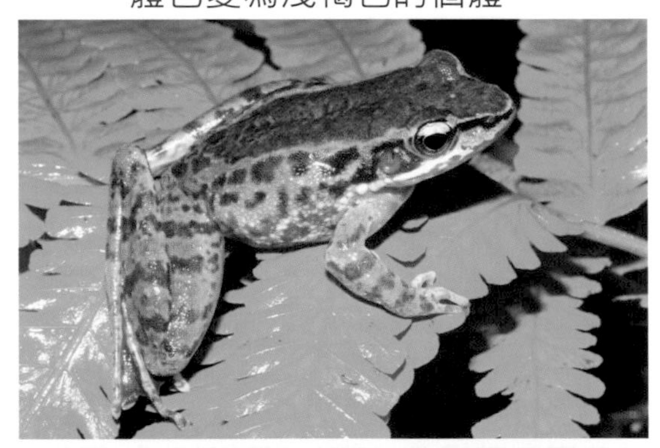
體色變為褐色，背部藍色的個體。

體色變為褐色，背部帶有藍色斑的個體。

體色變為深褐色的個體。

是否注意過常見的澤蛙，除了個體之間的體色差異，背中線的變化也相當多樣有趣，而且不是每一隻都有著背中線特徵。

澤蛙體色多變，背中線變化多端：

體色變為綠色的個體。

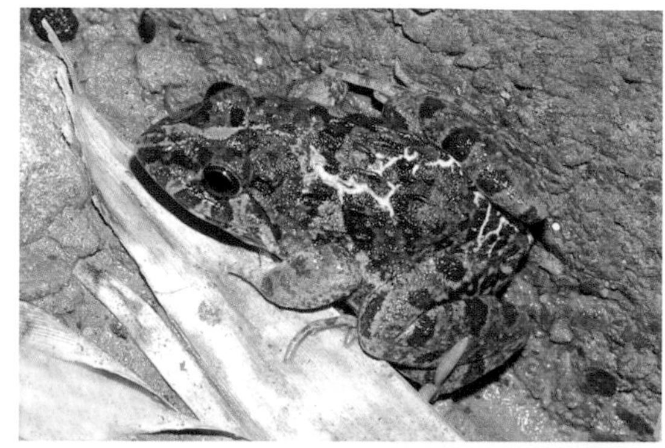
體色變為黑褐色，背中線不規則的個體。

體色變為褐色的個體。

體色變為褐色，背中線較細的個體。

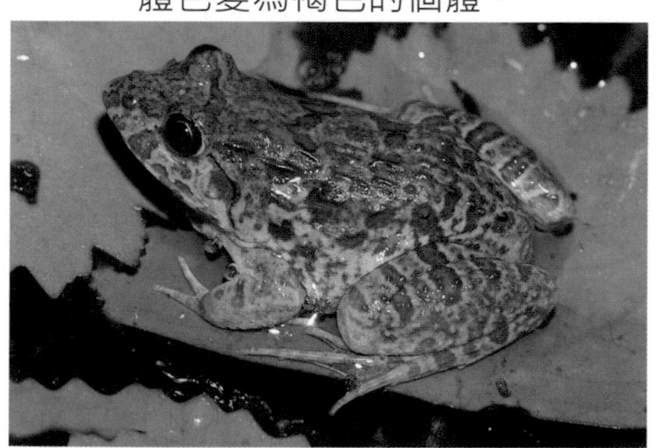
體色變為紅褐色的個體

體色變為褐色，背中線有中斷的個體。

體色變為褐色，背中線較粗的個體。

體色變為深褐色的個體。

在觀察的過程中，若是都能夠用相機一一記錄下來，相信一定會有很多的成就感，不如先花點時間學習拍攝技巧，挑戰自己的能力與反應！

另外，在拍照時，請以自然、不傷害動物為前提，並用尊重的態度來觀察，使用閃光燈時，應避免對同一隻個體拍攝過久，以減少對牠們的影響。

•史丹吉氏小雨蛙鳴叫

•史丹吉氏小雨蛙抱接

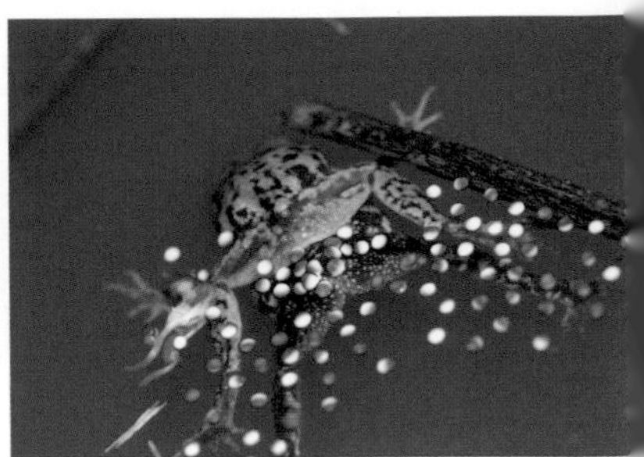
•史丹吉氏小雨蛙產卵

一、裝備

(1) 基本(標準)裝備：

相機、閃光燈、手電筒、電池、雨鞋。

(2) 其他裝備：

筆記本(圖鑑)、防蚊液、毛巾、登山杖、手機、GPS...等。

由於兩棲類喜歡在潮溼有水的環境活動，建議在觀察時最好穿著長褲、雨鞋。

二、認識兩棲類動物

台灣的蛙類目前約有33種，山椒魚5種，想要見到牠們，可是要花點時間做功課！其中，青蛙的拍攝可以算是較容易入門的，而拍攝山椒魚則是有一定的難度！

•體背為綠色的台北樹蛙

•生活在海拔2,600公尺以上山區的楚南氏山椒魚

建議大家在拍攝之前，對於這些物種能有簡單的認識，例如每一種青蛙的外觀特徵、鳴叫聲，這些都能夠讓你在觀察及尋找時有一定的幫助。

三、記錄照

通常記錄照是指某物種外觀特徵可以讓人清楚辨識的照片，因此不用特別強調構圖，不過全身一定要非常清楚，建議可多拍攝不同的角度。

若遇到不確定的種類時，記得將當時的環境記錄下來，以作為物種判定的參考。

四、設定目標

(1) 要拍攝什麼種類：建議可先從住家附近開始找起，熟悉後再進入山區。

(2) 拍攝青蛙的鳴叫：記錄青蛙鳴叫是一種很有成就感的挑戰！

(3) 拍攝青蛙產卵：可挑選下過雨的下半夜，只要見到青蛙抱接就有機會拍到。

• 雨天較容易記錄到莫氏樹蛙鳴叫

• 下半夜是記錄拉都希氏赤蛙產卵的最佳時刻

五、相機的選擇

現今的數位相機非常普及，幾乎連手機都有不錯的拍照功能，而且解析度也不輸一般的數位相機，因此具拍照功能的手機也可算是數位相機的一種。不過若想拍得更專業，相機的選擇也是一門學問，大略可分為以下4種類型：

1. **一般的數位相機(消費級)**：如果只是想拍攝青蛙與環境照，則可選擇一般的數位相機，但一般數位相機在近拍使用內建閃燈時，閃燈會因過近而產生下半部黑影，以下兩個方法可供參考：

   (1). 不使用閃光燈，直接使用手電筒補光(可搭配兩個手電桶產生不同效果)。

   (2). 拍攝時不要過近，並調高ISO讓亮度足夠。

2. **類單眼數位相機**：外型有點像數位單眼相機，比一般的數位相機(消費級)功能更多、更進階，功能類似單眼數位相機，但無法更換鏡頭，部份類單眼可以外接閃光燈，可以拍攝的角度及效果會比一般數位相機好上許多。

(3) 60mm macro鏡頭：

此鏡頭擁有景深較長的特性，但拍攝時需與物種較為接近，除了容易驚嚇到牠們，也常會有無法順利補光而產成明顯陰影的問題，但仍有解決的方法，例如可以善加現場環境來進行反射補光，或者直接使用環型閃光燈、離機閃燈等等。

• 使用60mm macro鏡頭拍攝樹洞內的艾氏樹蛙及卵

(4) 35mm 以下具macro的廣角鏡頭與魚眼鏡頭：

此類鏡頭的特別之處在於拍攝時能帶進現場的環境，讓物種與棲地環境同時入鏡，也可以利用前景，表現出物種的特殊氣勢！閃光燈部份就需多加思考了，建議在白天使用，若非得在夜間使用時，則可在閃光燈前加擴散片，擴散片不但能增加光線的擴散面積，光質也會變的比較均勻，也可避免光線太集中而使得照片的畫面太過強硬。

• 使用15mm macro魚眼鏡頭拍攝斯文豪氏赤蛙與攝影者，擁有較為誇張的前景。

7. 理想的補光：當在一個環境較為昏暗，且光影對比不足的場景裡，若是要獲得一張良好品質的照片，唯一的方法就是補光了，而補光的方式有很多種，以下是針對以手電筒及閃光燈當補助照明的技巧：

(1)使用手電筒補光：

如果直接以手持相機方式進行拍攝，需將相機的感光度(ISO)調高，若未使用高感光度的方式，則需搭配三腳架的使用。

• 將感光度調高至ISO 6400，以手電筒補光的方式拍攝斯文豪氏赤蛙

• 將感光度調高至ISO 800，以手電筒補光方式拍攝莫氏樹蛙剪影

(2) 使用閃光燈補光：

在光線不足時，使用閃光燈來進行補光是最直接、好用，而閃燈的控制模式建議使用全手動(M模式)。

(3) 使用雙閃(多閃)補光：

使用兩個以上的閃光燈拍攝，除了可以讓被拍攝主體看起來更立體外，更可以針對背景來做補光，讓畫面更為生動。不過因為使用多個閃燈的關係，操作時會較為費力，也可能會手忙腳亂。

• 圖中的拍攝者是使用60mm macro鏡頭+閃光燈拍攝台灣山椒魚(右圖為拍攝照片)

• 60mm macro鏡頭+閃光燈所拍攝的台灣山椒魚

• 圖中的拍攝者因近距離拍攝特寫，無法獲得理想的補光，此時使用離機閃光燈是不錯的方式(右圖為拍攝照片)

• 60mm macro鏡頭+閃光燈及離機閃光燈拍攝的台灣山椒魚

七、拍攝青蛙吹泡泡

記錄青蛙鳴叫是一項高難度的挑戰，喜歡拍照的朋友常戲稱為「青蛙吹泡泡」，在台灣的33種蛙類中，除了盤古蟾蜍無鳴囊外，其他32種青蛙都有機會記錄鳴囊鼓氣的趣味鏡頭，有的是單鳴囊，有的是雙鳴囊，鳴囊越大叫聲也就越大，不過想紀錄全部蛙種的鳴叫可不是件容易的事，需要很多的運氣、時間與耐心才能全部完成！

• 盤古蟾蜍無鳴囊，平常也不鳴叫

• 拍攝條件：

拍攝時建議將相機與閃燈最高的同步速度設定在最高，可避免拍攝時手震，並將光圈設定在理想的範圍內，在完成對焦後，就不要再移動相機，此時只須耐心的等待，建議初期可以使用三腳架，並在拍攝時將手電筒的電源關掉。

以下為青蛙鳴叫的拍攝條件，可供大家參考：

蛙種名稱：虎皮蛙
拍攝條件：
鏡頭105mm macro
光圈 F9 速度1/200 sec

蛙種名稱：巴氏小雨蛙
拍攝條件：
鏡頭105mm macro
光圈 F9 速度1/500 sec

蛙種名稱：日本樹蛙
拍攝條件：
鏡頭150mm macro
光圈 F14 速度1/320 sec

蛙種名稱：諸羅樹蛙
拍攝條件：
鏡頭150mm macro
光圈 F10 速度1/320 sec

蛙種名稱：澤蛙
拍攝條件：
鏡頭60mm macro
光圈 F14 速度1/125 sec

蛙種名稱：史丹吉氏小雨蛙
拍攝條件：
鏡頭150mm macro
光圈 F8 速度1/200 sec

蛙種名稱：橙腹樹蛙
拍攝條件：
鏡頭105mm macro
光圈 F13 速度1/250 sec

蛙種名稱：莫氏樹蛙
拍攝條件：
鏡頭60mm macro
光圈 F25 速度1/500 sec

八、拍攝山椒魚

山椒魚喜歡於潮濕的環境中活動，除了數量稀少外，長年都棲息於中、高海拔的原始森林底層或碎石坡，並藏身在水源附近。尋找時除了需要體力以外，運氣也是相當重要的，在尋找的過程中也許只花了幾個小時，也有可能是一整天還看不到。

以下為山椒魚之記錄方式：

10元硬幣可以用來當作山椒魚體型大小的比例尺

全身照與發現時的環境照

頭部特寫

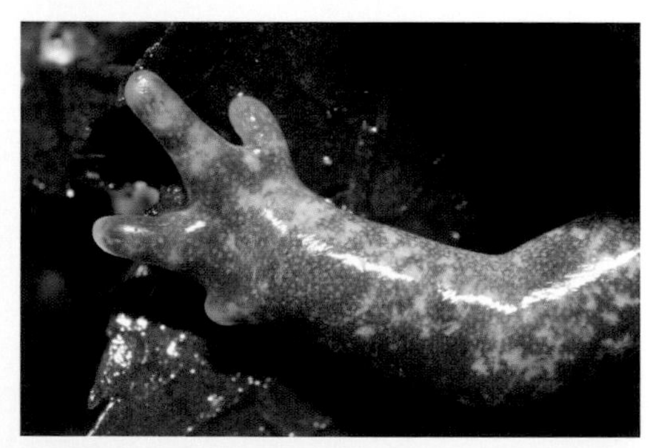

前腳趾特寫

後腳趾特寫

尾巴特寫

九、攝影裝備之保養

拍攝兩棲類的環境通常與水脫離不了關係，而拍攝工具潮溼、泥濘是思空見慣的事，因此裝備的事後保養是非常重要的。養成良好的習慣，經常保養這些攝影裝備，才能讓器材處於最佳狀態。

如果攝影裝備只是輕微髒污，只需使用拭鏡布(紙)、空氣吹球等做外部清潔即可，如圖(a)。但若是沾到大量的泥土時，如圖(b)，建議可使用濕紙巾清潔，並且於清潔完畢後放入防潮箱，如圖(d)，以免電子零件受潮損壞。若是不幸掉入水中，如圖(c)，切記立即將電池拔出並將外表擦乾，回家後迅速放入防潮箱，仍有機會可正常運作，若是無法正常使用，就將相機送回原廠修理。

(a) 當相機不小心弄髒後，需要將外部清潔乾淨

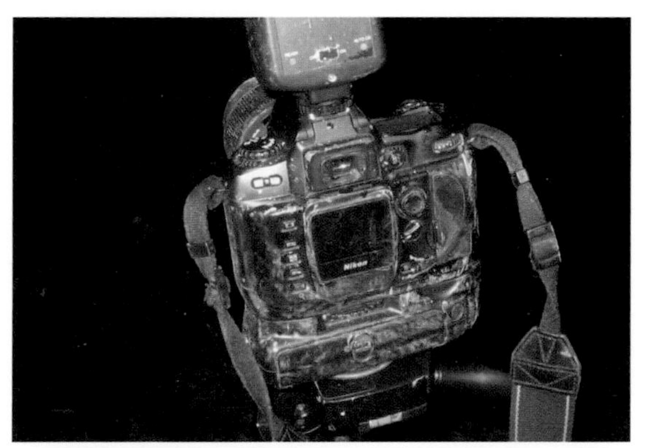

(b) 相機嚴重沾到泥巴，可用濕紙巾清潔

(d) 於濕度較高的環境下拍照，相機使用後都應該放入防潮箱

(c) 靠近水源或在雨天拍攝時，相機偶有泡水的意外，此時應先取出電池再用面紙擦拭，切記勿打開相機電源

花絮

對喜歡兩棲類的朋友來說，青蛙及山椒魚的一舉一動，都是拍攝的好題材，拍攝者在觀察時，由於視覺習慣，常會專注於眼前的畫面，小心翼翼的捧著相機，在田野、山林中尋寶，為了拍出精彩畫面的剎那，什麼怪姿勢都有，此時不妨將相機轉個方向，偷偷記錄身邊的朋友，也可拍出精彩且充滿趣味、回憶的畫面！

風雲子阿伯拍攝諸羅樹蛙的架勢十足，不過閃光燈頭方向往上，保證拍出來的畫面一定是黑的！

尋來不易的山椒魚實在可愛讓小黑阿伯愛不釋手。

短袖短褲，
小黑阿伯是有練過的，小朋友不要學喔！

如果不能用相機螢幕取景，
就只好這樣拍了，囧rz！
拍到手打結也沒關係，
叔叔果然有練過。
為了要拍水平視角，
即使飄出陣陣故鄉的
味道，
也只好撩下去啦！

花絮

來，讓我示範人體腳架的奧妙之處，
前面的千萬不要動！

褲子濕了還是要繼續拍，
發揮台灣忍者龜的精神。

斯文豪氏赤蛙：
你在拍我嗎？
阿是不會靠近一點逆？

拍來拍去，
還是趴著拍最舒服。

大家拍的這麼認真，
這水桶裡面一定藏了什麼小秘密！

田邊終於有不怕人的
台北赤蛙，千萬別再
逃了，讓我好好拍個
幾張！

賞蛙與保育

水汪汪的大眼睛，逗趣靈活的身影，牠的出現，總會引來一陣驚呼「有青蛙耶～」，有青蛙相伴的記憶，對現在的孩子總是新鮮；但對長一輩的人來說，卻是淡淡的鄉愁，想起兒時仲夏的夜裡，涼風沁心，此起彼落的蛙鳴伴隨入夢...多麼美好的舊時光陰。

文明的今天，高樓取代森林，水泥取代綠地，想要喚起這浪漫回憶，或許就得往鮮少開發的地方去，不禁憂心的想著，會不會有一天，孩子們想看青蛙，就只能在百科全書或動物園中才能看到這老朋友呢？保育工作還真的刻不容緩。

想要保育青蛙，就必須先了解牠，想要了解牠，就從與青蛙做朋友開始吧！提著手電筒在黑夜裡探索，就像在尋寶一樣，經常是只聞其聲而不見其蛙影，得花好一番功夫才能找到牠們，慢慢的累積經驗及深入了解每種蛙類的習性、棲息環境，很快就可以找到這可愛的夜間小精靈了。

青蛙對於水有一定程度的依賴，因此牠們所棲息的環境，通常不能有嚴重污染，一但環境受到了污染，青蛙便會迅速的死亡或消失，可說是很重要的環境指標，而以食物鏈的觀點來看，青蛙是屬於基層的物種，當牠們消失時，受影響的將會是更多的物種。

而人口快速的增加，工業的污染與開發，以及農業用地與居住用地不斷的拓展，在相同面積的情況下，所以減少的必定是原本的荒地，亦是壓縮到野生動物的生存空間，如何取得兩者的平衡正是我們應該思考的問題，否則在不斷水泥化下，以後要見到牠們，恐怕只能從書本上了。

近年來放生的新聞時有所聞，而且還有增加的趨勢，大量的把同一物種放入相同棲地裡，又或者將原本屬於南部才有的蛙種抓放到北部，棲地在食物量沒有增加的情況下，放入大量的物種，勢必造成競爭行為，而爭取不到食物的動物也一定走向死亡一途，試想，這是放死不是放生啊！

除了前幾年發現的花狹口蛙與牛蛙外，這一兩年就屬班腿樹蛙最為活躍，因為牠特殊的耐污特性，連我們認為不太會有青蛙出現的臭水溝也有他的蹤跡，迅速的在許多地方擴散開來，而且比起原生種的布氏樹蛙，他的行動與覓食行為都較為強悍，讓不少地方的原生蛙種數量快速減少，這實在是一大隱憂。

青蛙的各種可愛姿態，一舉一動總牽引著觀察者的心，沒有青蛙的黑夜，是多麼深沈寂靜，總是暗自祝禱著，祈願牠們永遠悠遊在這片大地上，噢！對了～其實這些我們可馬上就做到的，就是行經雨後的山區，要小心馬路上這些小小身影，因為有可能不小牠們就變成你的輪下亡魂。

找個時間，找塊荒地，帶著您的稚子之心，拿起手電筒慢慢的環顧四周，運氣好就可以發現牠們，仔細觀察牠們的生活行為，會發現是多麼的有趣喔！

科名索引

中文索引

學名索引

國家圖書館出版品預行編目資料

自然生活記趣 ： 臺灣兩棲類特輯 / 江志緯,
何俊霖, 曾志明著. -- 初版. -- 臺中市 :
印斐納褆, 民103.09
面 ; 公分
ISBN 978-986-89216-1-0(平裝)
1.兩棲類 2.動物圖鑑 3.臺灣
388.633 103014911

自然生活記趣 台灣兩棲類特輯

作　　者／ 江志緯　何俊霖　曾志明
編　　輯／ 吳晉杰
校　　對／ 陳奎安
排　　版／ 陳怡璇
審　　訂／ 向高世
美術設計／ 陳芷萱　楊宜芳
總 策 劃／ 寵物官邸
行銷企劃／ 爬王
發 行 者／ 印斐納褆國際精品有限公司
407-53台中市西屯區大河一巷3弄20號
TEL：(04) 2317-3899
FAX：(04) 2317-8189
E-mail:petgd.service@gmail.com
製　　版／ 禾豐印刷實業公司
印　　刷／ 文昇美術印刷廠
版　　次／ 初版
出版年月／ 民國103年09月
定　　價／ 750元

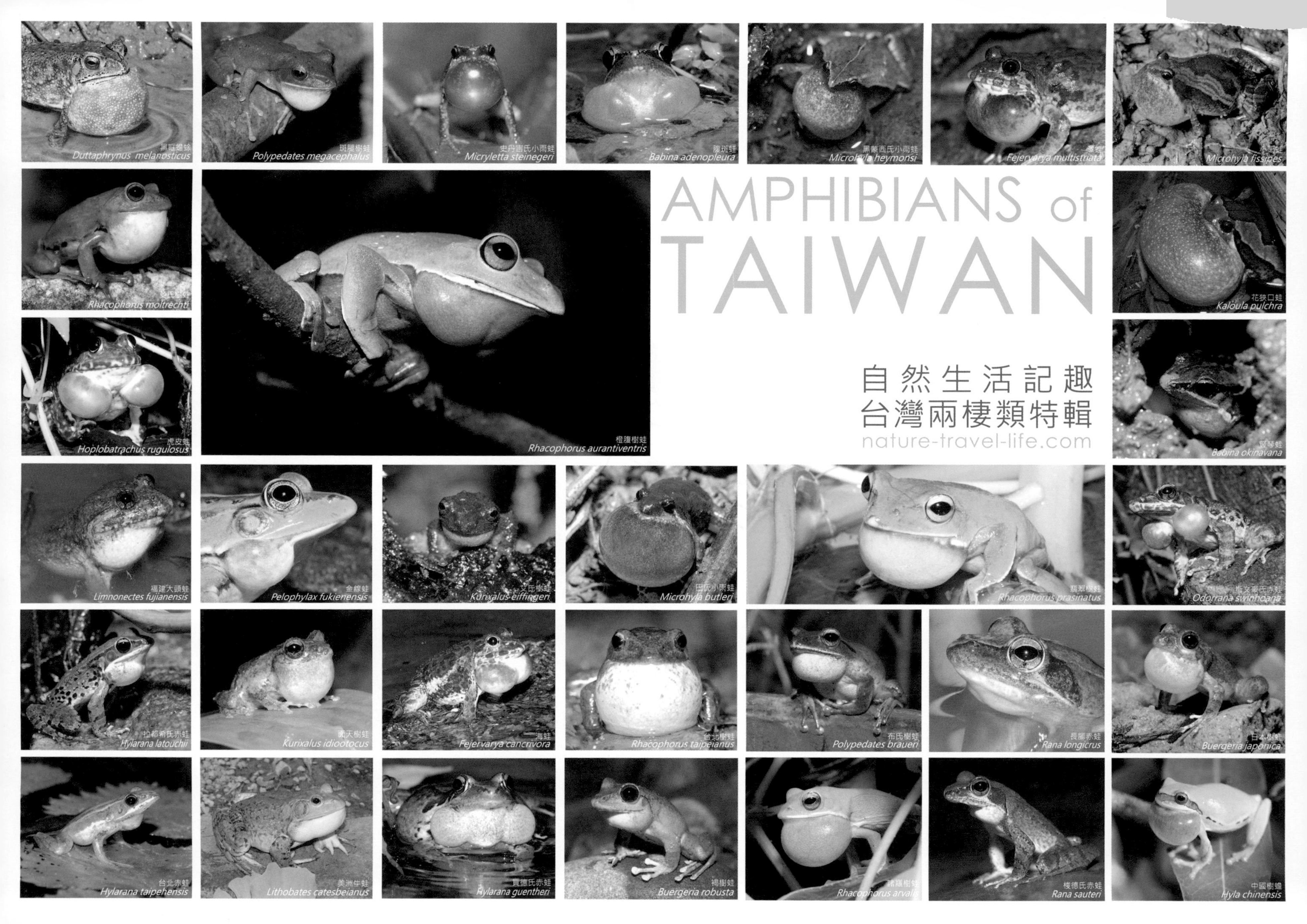
AMPHIBIANS of
TAIWAN
自然生活記趣
台灣兩棲類特輯
nature-travel-life.com
黑眶蟾蜍 Duttaphrynus melanostictus
斑腿樹蛙 Polypedates megacephalus
史丹吉氏小雨蛙 Micryletta steinegeri
腹斑蛙 Babina adenopleura
黑蒙西氏小雨蛙 Microhyla heymonsi
澤蛙 Fejervarya multistriata
小雨蛙 Microhyla fissipes
莫氏樹蛙 Rhacophorus moltrechti
花狹口蛙 Kaloula pulchra
虎皮蛙 Hoplobatrachus rugulosus
橙腹樹蛙 Rhacophorus aurantiventris
豎琴蛙 Babina okinavana
福建大頭蛙 Limnonectes fujianensis
金線蛙 Pelophylax fukienensis
艾氏樹蛙 Kurixalus eiffingeri
巴氏小雨蛙 Microhyla butleri
翡翠樹蛙 Rhacophorus prasinatus
斯文豪氏赤蛙 Odorrana swinhoana
拉都希氏赤蛙 Hylarana latouchii
面天樹蛙 Kurixalus idiootocus
海蛙 Fejervarya cancrivora
台北樹蛙 Rhacophorus taipeianus
布氏樹蛙 Polypedates braueri
長腳赤蛙 Rana longicrus
日本樹蛙 Buergeria japonica
台北赤蛙 Hylarana taipehensis
美洲牛蛙 Lithobates catesbeianus
貢德氏赤蛙 Hylarana guentheri
褐樹蛙 Buergeria robusta
諸羅樹蛙 Rhacophorus arvalis
梭德氏赤蛙 Rana sauteri
中國樹蟾 Hyla chinensis